# 中国農漁村の歴史を歩く

太田　出

KYOTO
UNIVERSITY
PRESS

京都大学
学術出版会

口絵 1

口絵 2

**口絵 1** ●呉江市の村落を歩き回る太湖流域調査メンバー。左から稲田清一（甲南大学）、佐藤仁史（現一橋大学）および筆者（2005 年夏撮影）。真夏の炎天下の日陰のない農村を歩き回るのは体力的にも相当きびしい。タオルやミネラルウォーターは欠かせない。

**口絵 2** ●呉江市梅湾村におけるインタビュー風景（2007 年 3 月21 日）。太湖流域（江南デルタ）でインタビューしたとき、もっとも苦労したのはインフォーマントが「呉語」しか話せなかったことである。地元の若者（写真左）に「標準語」から「呉語」に翻訳してもらい、回答も「呉語」を「標準語」に翻訳してもらった。またインフォーマントの前に 2 〜 3 本のICレコーダーを置き、のちにテープ起こしをおこなった。

口絵 3

口絵 4

**口絵 3**●蓮池社の正一霊宮前で林毅川氏にインタビューする調査グループのメンバー。福建省では台湾人研究者に同行してもらい、直接「閩南語」でインタビューした。インタビュー時はしっかりメモを取りながら進めると、質問内容を考えやすい。

**口絵 4**●左右に神輿を揺らして趙府元帥の喜びを表現する人びと（1996 年 4 月30 日、筆者撮影）。神々の心情を表現しながら、“村の領域”を練り歩く。おごそかというよりは、神々の霊力が溢れだしているといった感じだ。

口絵 5

口絵 6

**口絵 5**●太湖興隆社徐家公門の七総管廟への参拝（2005 年 8 月14 日）。この日、早朝から湖州市にある興華廟と七総管廟（南聖廟）に「進香」した。筆者ら調査グループのメンバーもビデオとカメラを両手に参与観察をおこなった。

**口絵 6**●太湖興隆社徐家公門の香頭・徐貴祥氏（中央）と廟会の帰りに（2005 年 8 月14 日、右は筆者）。中国の大学関係者（左）との共同研究にすると、インフォーマントも気軽に接してくれる。限られた人しか参加できない活動にも招待してもらえ、密着取材も可能だ。

口絵 7

口絵 8

**口絵 7** ●青浦県任屯村における馬夫雲宝氏（右）と馬衛英氏へのインタビュー（2013 年12 月28 日）。インタビューは早朝か午前中におこなうことが多い。インフォーマントに老人が多いということもあるが、11 時頃には昼食の準備に取りかかってしまうからだ。午睡の時間も必要なため、午後は14 時頃から少なめにおこなう（1～2 時間程度）。

**口絵 8** ●現在の青浦区金澤鎮任屯村民委員会（2012 年 8 月15 日、筆者撮影）。現在の任屯村では、かつての「瘟神」の猛威も過ぎ去り、静かで穏やかな日々が続いている。

# ◉目次

# 序章　どうして歴史学者が現代中国の農漁村を歩くのか

## 現代中国を観察することの大切さ

近年の中国社会の変化には目を見張るものがある。とりわけ二〇〇八年の北京オリンピック、二〇一〇年の上海万博（上海国際博覧会）以来、北京や上海はもちろん、天津・南京・武漢・杭州・重慶・成都・広州などの諸都市も近代的なビル群が建ち並ぶ巨大都市へと変貌してしまった。こうした大都市を訪れて街並みを歩いていると、もはや中国は先進的かつ成熟した大国であるかのように見える。たしかに、中国は一四億もの人口をかかえる人口大国であり、経済的にもGDP世界第二位の経済大国であり、科学技術のうえでも5GやAI技術などの分野において革新的な発展を遂げつつある科学技術大国でもある。また軍事力の増強もめざましく、特に昨今の海軍の近代化（空母「遼寧」「山東」の建造・就役など）と海洋進出（東シナ海・南シナ海）の動きは、周辺各国の懸念と憂慮を惹起しなが

図序-1

図序-1●建物の入口上に記された「毛主席万歳」の文字（1996年5月5日、福建省の農村にて筆者撮影）。このスローガンは文化大革命期に書かれたと思われる。こうした「毛主席万歳」の文字は農村でいまもなおしばしば出くわす。

らも、軍事大国・海洋大国への歩みを着実に進めている。さまざまな意味において中国を大国と称して差し支えないだろう。いまや中国の一挙手一投足が世界の注目の的となっているといっても過言ではない。

しかし、中国の農村に目を向けてみると、都市とはずいぶんとかけ離れた風景が目に飛び込んでくる。近年では、たしかに平屋の伝統的な家屋が次第に姿を消し――いまだに「毛主席万歳」と壁に書き記された家屋もしばしば見受けられるが（図序-1）――、これに代わって楼房と呼ばれる二階ないし三階建ての新しい建築物が多く見られるようになり、いわゆる「小康之家（暮らし向きの安定した家庭）」と呼ばれる農家が増えてきたものの、総じてみれば、いまだ貧しいといわざるをえない。若者たちの多くは村を離れて「民工（出稼ぎ労働者）」として遠方の都市へと出向いてしまい、村に残された老人たちはとくにこれといった娯楽のないつつましやかな生活を送りながら、昔ながらの機械化されていない農作業に従事している。電気・水道・ガスといったライフラインもいちおうの整備はなされたが、いかんせんメンテナンスが雑であるため、故障したまま放置されているところも少なくなく、結局、農家の人たちは現在でも衣服や食器などを河で洗い、とても衛生的とはいえない住環境のなかで日々を過ごしている場合も見られる。余談ではあるが、その代表例の一つとして挙げられるのがトイレであろう。中国のトイレはいままさに「トイレ革命」が推進されつつあるといわれ、しばしばメディアを騒がせているものの、それは大都市のほんの一部にすぎず、中小都市や農村のほとんどのトイレはまだまだ不衛生なままである。

このように発展した都市から見れば、かなり落後した感のある農村ではあるが――都市・農村間の格差問題は中国の最大かつ解決困難な社会問題の一つだ――、一方で、すでに都市では失われてしまった中国の「伝統」がいまもなお根強く残っており、かつての古き良き中国を想起させるものとして、われわれ外部の観察者の目を大いに楽しませてくれる。たとえば、その最たるものの一つが民間信仰の存在を可視化する寺廟や、廟会・迎神賽会と呼ばれる村祭りの復活である。これらは戦後の大躍進運動（一九五八～六一年）、文化大革命（一九六六～七七年）のなかで――特に「破四旧（四つの古い悪、すなわち過去数千年来のすべての搾取階級が残してきた古い思想・文化・風俗・習慣を打ち破る）」の影響が強い――一度は失われたが、一九八〇年代以降の改革開放のなかで再び不死鳥のようによみがえってきた。ただし、それは決して政府が公式に容認したことを意味するわけではなく、あくまで黙認しているにすぎないから、政治的なコントロールを強く受ける華北地方、とりわけ都市にはほとんど見られず、むしろ北京から遠く政治的な影響が相対的にうすい華中・華南地方の農村によりよく観察することができる。

このように、現代中国の農村に復活した「伝統」はいろいろな問題をわれわれに提起する。こうした事象は本当に「伝統」と呼んでよいのだろうか。そうだとすれば、それはいったいどこにまで遡りうるのか。いや、一見したところ「伝統」のように見えなくもないが、じつは大躍進運動や文化大革命のなかですでに断絶してしまったのであって、それは新たに〝創造〟された「伝統」にすぎないのではないか、それではなぜいまわれわれの眼前にこれらの「伝統」(に見えるもの)が存在するのかなど、さまざまな想像がかき立てられてくる。われわれの知識欲が刺激されるのだ。現代中国で目撃できる諸事象はわれわれを誘惑するだけでなく、かぎりなく挑戦的でもある。すなわち、本当に現代中国とそこに住む人びとを観察・理解したいのか、ならば表面的にだけでなく、その裏側にある壮大かつ複雑な歴史的背景を説明できるのか、と。このように現代は必然的にわれわれを歴史世界へといざなうのであり、逆に知りえた歴史上の諸事実は現代を読み解く重要なツールとなるのである。かかる点に注目するとき、歴史学とフィールドワーク(現地調査)はまさに密接不可分の関係にあるといってよいのかもしれない。

## 歴史学者がフィールドワークをおこなうべき理由

右のような言説に出くわしたとき、歴史学を専門とする者の反応は、おもに次の二つに分類されるであろう。一つは、歴史学は基本的に文献批判（テキストクリティーク）の学問であり、フィールドワークという手法は歴史学にはなじまないとするものである。もう一つは、近現代史、とりわけ生活史、社会史や環境史などの分野に限定するならば、フィールドワークは一定の有効性をもつとするものである。いずれにせよ、歴史学にとってフィールドワークは副次的なものとして位置づけられているにすぎないといえようか。

しかしフィールドワークの現場では、歴史学者にとっても思いがけない現実にぶつかることがある。ここで一つの具体例を紹介してみよう。かつて筆者は中国浙江省の銭塘江という大河をさかのぼり、山間部の建徳市という中規模の都市に入ったことがある。なぜ、建徳市に入ったかというと、歴史文献のなかに、かつて明清時代まで「賤民」、すなわち被差別民たちが中国の各地に散在し、ここにも九姓漁戸と呼ばれた、船上生活をいとなむ「賤民」たちが暮らしていたという記載が残されていたからであった。この九姓漁戸はしばしば歴史文献上に顔を出すが、清代の雍正五年（一七二七）を前後して、相次いで解放令が発布されると、少なくとも戸籍上では「賤民」として取り扱わないこととされた。有名な雍正年間の「賤民解放令」である。しかし、九姓漁戸は「賤民」でなくなると、法令の現実的な効果の有無はともかく、歴史文献上からぷっつりと姿を消してしまう。彼らはその後はたしてどうなってしまったのか、本当に完全に一般庶民に溶け込んでしまったのであろうか。それとも何らかのかたちで彼らへの差別は続けられてきたのであろうか。中華民国期から中華人民共和国の文化大革命における政治的社会的混乱と変動、改革開放以後の人びとの流動を考慮するとき、九姓漁戸の〝今〟を確認するのは、まったく至難の業であると思われた。

ところが、当時突然、その九姓漁戸をさがし出してインタビューしてみようではないか、そんな夢のような話が持ち上がり、実際に挑戦が始まった。それが筆者が建徳市に入った理由であった。歴史文献から、ある程度の場所はあたりがついていたので、レンタカーを走らせ、ときおり「ここか」という村落に立ち寄って村民と会話を交わした。「九姓漁戸って聞いたことがありますか」「いいや、ない」。そんな主旨の会話が幾度となく繰り返される。しばらくすると、車を運転する中国人ドライバーの顔にも「もうそろそろあきらめたらどうだい」という苦笑いのような表情が浮かんできた。私も焦った。「やはりダメか、もはや九姓漁戸は消滅したのだ。歴史文献上のみの存在になってしまったのだ」。そんな弱気な思いが頭に浮かんできた夕刻、ある村落にさしかかり、だめもとで村民に同じ質問をぶつけてみた。「知らない。聞いたことがない。われわれは九姓漁戸ではない」。想像したとおりの答えが返ってきた。「違うのか」。思わずため息が口をつく。そこでふと質問を変えてみることに

図序-2

図序-3

**図序-2**●九姓漁戸の後裔たちが居住する漁業村遠景（2007年8月21日、浙江省建徳市梅城鎮にて筆者撮影）。九姓漁戸とは山西楽戸、浙江堕民、広東蛋民、江西棚民などとともに被差別民をさす。陳・林・銭・李・袁・孫・葉・許・何の九姓から成る。写真は饅頭山漁業村であるが、近くの三都鎮漁業村などにも分布する。

**図序-3**●三都鎮漁業村（2007年8月24日、筆者撮影）。「九姓漁民新漁村」と書かれており、"一日九姓漁戸体験"ができるツアーもあるらしい。九姓漁戸の後裔たちは被差別民であったことを逆手に観光資源としているのだ。

した。「君たちは祖先の故事（伝説）を聞いたことがないか」。すると彼らは「ああ、あるよ。われわれのこの村落の祖先はみなかつて朱元璋と最後まで天下を争った陳友諒とその部下たちだ。朱元璋はわれわれの祖先のことを憎んで、陸上で生活することを許さず、水上に居住することを強制したのだ」とよどみなく答えた。「おお、ついに見つけた。彼らこそが九姓漁戸の後裔に違いない」。私は予期せぬ回答に興奮を隠しきれなかった。なぜなら、歴史文献には九姓漁戸の由来についてまったく同様の故事が記されていたからである。現在に伝えられている九姓漁戸の物語のキーワードは、元末明初、朱元璋、陳友諒、水上への放逐であった。まさに九姓漁戸を〝再発見〟した瞬間だった（図序-2、図序-3）。インタビューのさいには、九姓漁戸という歴史文献上の言葉を無造作に投げかけるだけではだめなこともわかった。それは私自身の頭脳と身体のなかで〝歴史文献の世界〟と〝今を生きる世界〟とが結びついた瞬間でもあった。

このようなささやかな事例からも、歴史学者にとってのフィールドワークが、歴史文献とともに、ある特定の事象の過去と現在を鮮やかに結びつけてくれる研究の両輪となっていることがわかる。今後、インタビューをとおして現代の九姓漁戸を掘り下げていくことで、歴史文献の謎を解き明かすヒントを得ることもできるであろう。こうした二つの由来の異なる研究手法がうまくかみあったとき、その事象は思わぬ高みにまで昇華する可能性を秘めている。すなわち、フィールドワークによる新たな〝手がかり〟の発見とその展開、さらにそこで得られた体験に基づく歴史文献の再度の読み込みといった歴史学へのフィードバックこそが、歴史学者がフィールドワークをおこなうべき理由であるといえるのではないだろうか。

## 本書のねらい

最後に、本書のねらいを簡単に述べておこう。近年、歴史学ではウェブ上も含めて、歴史文献の公開が急速に進み、大量の史料が研究者の眼前に提供されるようになってきている（逆にクローズドされることもある。とりわけ近年、中国における外国人研究者に対する恣意的な閲覧制限には閉口することが少なくない。またテーマによっては研究者の身柄を拘束することすらある。一日もはやい善処が望まれる）。私が院生であったころとはまさに隔世の感がある。その反面、それらの閲覧・読解・分析にこれまで以上の長時間を費やさざるをえなくなってきていることもたしかである。一方、フィールドワークに目を向けると、交通・通信手段の発達やグローバルな研究の展開とも相俟って、かつてほど敷居の高いものではなくなってきた（これについても近年、中国では外国人研究者にフィールドワークを認めないケースが見られる。機密などにかかわるものでないかぎり、研究の自由を保障すべきである）。こうした事態は全体的に見れば、学問の発展には好条件なのであるが、それぞれの研究分野の専門化——悪い意味で「たこつぼ化」ともいう——が相当に進んでしまい、相互に乗り入れたり問題関心を共有したりすることが難しい状況になりつつある。しかし、旧来の学問的枠組みに囚われない新たな取り組みが求められ、学問横断的な手法や研究視角を身につけることが迫られるようになってきていることには異論がないであろう。

かかる現実に鑑みるとき、歴史学の徒である筆者が、かつて現代中国の農漁村でおこなったフィールドワークの手法とその成果を書き留めておくこと——近年のように外国人研究者によるフィールドワークが難しくなり、手法の継承が困難になりつつあるからこそ——も、決して無駄なことではないように思える。ただし、ここに記した手法と成果はあくまで試行的なものであり、今後さらに改善・発展させていく余地は十分にあるであろう。それでも本書を読まれた若手研究者の卵たちが、歴史文献に、フィールドワークに、ひいては中国社会の過去と現在に興味関心を抱くようになり、みずから果敢に挑戦して、新たな学問領域を切り拓いてくれるようになれば、それは望外の喜びである。

最後に、若かりし日の思い出話を記しておこう。私がフィールドワークにのめり込んでいたころ、江蘇省呉江市の開弦弓村という一村落を訪れたさい、村びとたちから「あなたは〝第二の費孝通〟だ」——費孝通は開弦弓村調査で有名な社会・人類学者であり、現在では当村に紀念館が建設されている(図序-4、図序-5)——という主旨のお褒めの言葉をいただいたことがある。もちろん気の利いたお世辞であろうが、そのときの感動はいまもなお忘れない。現代中国の農漁村は日々刻々とその姿を変えつつある。手前味噌であることは承知のうえであるが、今後、本書の読者のなかから〝第三、第四の費孝通〟が誕生することを念願してやまない。

図序-4

図序-5

**図序-4**●江蘇省呉江県開弦弓村を訪問した費孝通（右。中央は姉の費達生）。費孝通は雲南で調査をおこなっているさいに大怪我をし、妻を失った。その後、故郷の呉江県で療養中に開弦村調査を開始した。主著に"*Peasant Life in China*"（中国語訳『江村経済』）や「小城鎮　大問題」がある。（「費孝通26次走訪江蘇一個村、与今天的領導幹部調研、有没有相似之処？」『上観新聞』2018年6月29日、https://web.shobserver.com/より転載）。

**図序-5**●費孝通江村紀念館前の費孝通像（筆者撮影）。姉の費達生は中国蚕糸業の近代化に貢献した。費孝通江村紀念館では費達生の生涯についても紹介展示している。

# 第1章……地域社会論とは何か

## 1　中国近世「地域社会論」の登場

### 中国近世地域社会史のはじまり

まず先行研究・歴史文献（文献資料）の話から始めよう。「よし、フィールドワークだ」と、はやる気持ちを抑えられないで本書をひもとかれた読者のなかには、「なぜ、また先行研究や歴史文献の話を？」といささか出鼻をくじかれた感をもつ方もいらっしゃるかもしれない。たしかに、先行研究や歴史文献にあまりに執着しすぎると、かえって問題関心の幅が狭くなってしまったり、先行研究をなぞるようなかたちに妙にまとまってしまったりする場合も少なくないであろう。

しかし、農漁村の現場に身を置いたとき、われわれは「いったいどこから、何をしたらよいのだろうか」と感じ、思わず立ちすくんでしまう人のほうが多いのではないだろうか。そのとき心の拠りどころとなるのが先行研究であり歴史文献である。やはり可能なかぎりの基礎的な情報を頭にインプットしておかないとアウトプットは難しい。たとえば、農漁村で偶然に拾ったものが貴重な珠なのか、それともたんなる石ころなのか判断がつかない。キーパーソンと思われる人物に運良くめぐりあえてもどこから何を質問してよいのかわからない。これでは千載一遇の好機を逃してしまうことにもなる。むろん、ある程度失敗を重ねて経験を積むなかで体得できることもあろうが、限られた時間と資金のなかで貪欲に情報を収集しようとすれば、先行研究と歴史文献を十分に読み込み、問題関心を研ぎ澄ませ、質問事項をじっくり整理・検討しておくとともに、ときにおうじて質問の仕方や内容をアップデートしておく必要があろう。情報をキャッチするアンテナをあらかじめ張りめぐらしておくということだ。ここでは筆者がこれまで専門分野としてきた中国近世地域社会史を中心に代表的な先行研究を一瞥しておこう。

## 「地域社会論」が提起したもの

中国近世地域社会史とは、具体的には中国明清時代史を中心に発信されたものであり、一九八〇～二〇〇〇年代に「地域社会論」の名のもとに盛んに研究された、中国の一つの地域社会を取り上げ、さまざまな歴史文献を駆使しながら、当該地域の秩序のあり方や風俗（吉澤誠一郎によれば、風俗とは

図1-1●森正夫（名古屋大学名誉教授）

社会秩序のあり方に関係する人びとの行動の様態を概括的にさす言葉）について徹底的に掘り下げた議論をおこなおうとする学問領域をさしている。そこでは明清時代に各地で編纂された地方志、特に行政階層の最末端に位置する州県ごとに編まれた州志や県志はもちろん、本来ならば、行政上では無数の「村落」の一つにすぎなかった「市鎮（市場町、market town）」が、明代中期以降の商業化の進展のなかで農村の中心地として雨後の筍のように成長・発展を遂げ、そこで州・県志をまねてつくられた郷鎮志が研究者によってそれまで以上に広く用いられるようになった。こうした郷鎮志は当時経済的に豊かな地域であった江南デルタ（上海・蘇州・南京・杭州などの大都市をふくむ長江下流域）に多く見られ、現在では『中国地方志集成　郷鎮志専輯』全四〇冊（上海書店出版社、二〇一三年）として出版されて広く人口に膾炙している。

この「地域社会論」の用語としての使い方については、一九八一年に岐阜県の中津川研修センターで開催されたシンポジウム「地域社会の視点――地域社会とリーダー」の席上において、「地域社会論」の旗振り役の一人となった森正夫（図1-1）が、重要な問題提起をおこなっているので、ここに紹介しておこう。森は「私はここで提起したいのは、こうした従来の階級分析の方法（マルクス主義歴史学、引用者補）のみでは、上述した今日的関心、すなわち、人間が生きる基本的な場における意識の統合にとって不可欠な役割を果たしている社会秩序についての関心を踏まえて問題を設定したり、その問題の解決に立ち向かうことができないのではないか」という疑問を示したうえで、「地域社会」という「場」を研究の枠組みとして提起した。そしてこの語には、一定の具体的な地理的界限をもった実体概念（たとえば省―府―州・県と下りてくる行政的区分など）と方法概念（実体としての地域的な枠組みと結びつきながらも、基層社会・地方社会・周縁社会などの用語と同様、事物を把握する方法的立場）の二つの用法が想定されるとし、みずからが提唱するそれは後者であるとした。「地域社会」を方法概念として捉えることで、広い意味での再生産の場としての、人間が生きる基本的な場を総括的に把握しようとしたのである。

こうした「地域社会論」の枠組みの意識的な表明は、明清時代史の研究手法にさまざまな意味で多大な影響を与え、多数の研究者を直接的ないしは間接的にその議論の渦へと巻き込んでいった。その代表的な研究者としては（本人が自覚しているか否かは問わず）、森とともに中核を担った岸本美緒・濱島敦俊のほか、夫馬進・片山剛・山田賢・上田信・菊池秀明・稲田清一・中島楽章・荒武達朗らがおり、それぞれ江南デルタ、珠江デルタ、四川盆地、浙江省諸曁（しょき）盆地、広西省、安徽省南部、山東省と中国東北部などを事例として注目すべき成果をあげていった。筆者も末席ながらそうした議論に関

図1－2●岸本美緒（お茶の水女子大学名誉教授）

わってきた者の一人として、江南デルタにおける警察施設の配置と市場圏との関わりから、暴力による治安維持システムの解明を試みてきた。

とりわけ、精力的に研究を発表し、「リーダーシップ」「社会統合の契機」「秩序問題」など、言わんとするところを的確につかみ、正しく理解しようとすれば、かなり深い思慮を必要とするような、やや難解な言葉を駆使しながら、「地域社会論」の魅力を全面的に押し出してきた岸本美緒（図1－2）の仕事は、一九八〇年代以降の明清時代史研究に重要な方向性を与え、大きな〝進展〟をもたらすことに成功した。岸本の秩序・風俗・時代観を取り上げた研究成果は、間違いなく一時代を築き上げたといっても過言ではないだろう。

## 2 中国近世「地域社会論」の現在

### 「地域社会論」における近世史と近現代史

こうした「地域社会論」の展開・発展は、それまで階級闘争史観に彩られていた明清時代史研究に見直しを迫り、研究史上に大きくかつ確実な足跡を残した。現在では、「地域社会論」を標榜した研究やシンポジウムなどはあまり見られなくなったが、それは決して関心が失われたり、一時的なトレンドに終わったりしたわけではなく、「地域社会論」の問題関心や手法がすでに研究者のあいだで一定程度、認知・共有された結果であろう。「地域社会論」は歴史学の一つのスタンダードな研究手法としてしっかりと根づいたのである。

しかし「地域社会論」に問題なしとはしない。これは「地域社会論」が盛んに提起され、研究が進められてきた当時から指摘されたことであるが、それが必ずしも十分には方法概念としての共通の基盤を打ち立てることに成功せず、むしろ研究者個人の研究における地域の細分化、たこつぼ化をもたらす作用を果たしてしまったのではないかというのである。つまり「地域社会論」は、森の提起した方法概念より、むしろ現実と結びつけて捉えやすい実体概念のほうに注目が集まってしまい、方法概念として鍛えて上げていこうとする方向性が、相対的に見れば、やや希薄であったといえるのかもしれない。また、明清時代史を中心に展開された〝地域社会〟という概念が伸縮自在であることの裏返しとして曖昧さを伴っていたこと、それと近現代史とのあいだにいかなるかたちでの接合が予定されていたのかが十分には提示されないまま放置されたことなども考えられる。このように共通の目標が明確に共有されないうちに、「地域社会論」は急速に拡大していき、個々の研究者の興味関心が優先され、意識的な対話が進められてこなかった可能性もないわけではない。

## 階級闘争史観と国家論からの批判

また、階級闘争の立場から徹底的に論じられていない問題も多数残されており、安易に捨象すべきではないと主張し、従来の階級闘争史観がいまもなお有効であるとする論者からは「階級関係の棚上げ」にすぎないとする批判、一方、国家論を重視する論者からは「(国家権力の)耳障りなサーベルの音が聞こえていない」といった厳しい指摘も見られた。前者では、階級闘争史観で主として取り上げられた主要生産関係、すなわち地主—佃戸関係についていまだ十二分には論じつくされたわけではなく、佃戸など小農民の再生産構造あるいは彼らの世界観などの問題については、さらなる検討の余地が残されたままであることを強調する。一方、後者では、はたしてどれだけの「地域社会論」的な研究成果が積み重ねられれば、中国という国家像が見えてくるのであろうかという国家論との自覚的な接合が求められている。いずれにせよ、「地域社会論」も今後さらに深化させていかざるをえないのは自明のことであるが、残念ながら、森・濱島・岸本らが掲げた「地域社会論」を劇的に進展ないし転換させるような新たな問題提起はなされていない。

このような研究上の課題を抱えながらも「地域社会論」はいまもなお魅力的であり続けている。筆者らもその魅力に惹きつけられ「地域社会論」研究の先駆者たちの背中を追いかけてきた。それでもやはり「地域社会論」に自分なりに何か一石を投じたいという気持ちから、曲がりなりにも二五年ほど前よりフィールドワーク（現地調査）を開始した。それは歴史文献のみでは見えてこない、新たな切り口をさがすためであった。

# 第2章 太湖流域におけるフィールドワークの系譜

## 1 戦前のフィールドワーク

### 中国農村調査の歴史

現代中国を対象としてフィールドワークをおこなおうとすれば、戦中に満鉄（南満州鉄道株式会社）を中心として実施された中国農村調査を知らないわけにはいかない。その研究成果は戦後に中国農村慣行調査刊行会編『中国農村慣行調査』全六巻（岩波書店、一九八一年）として刊行されており、現地調査の金字塔としてつとに有名である。この調査に比較すると、あまり注目を浴びることはなかったものの、上海西郊の太湖流域（江南デルタ）農村でも、ほぼ同時期に二つの調査が進められていた。本書では、主に華中南地域を対象として話を進めるから、以下では、これら二つの調査について見て

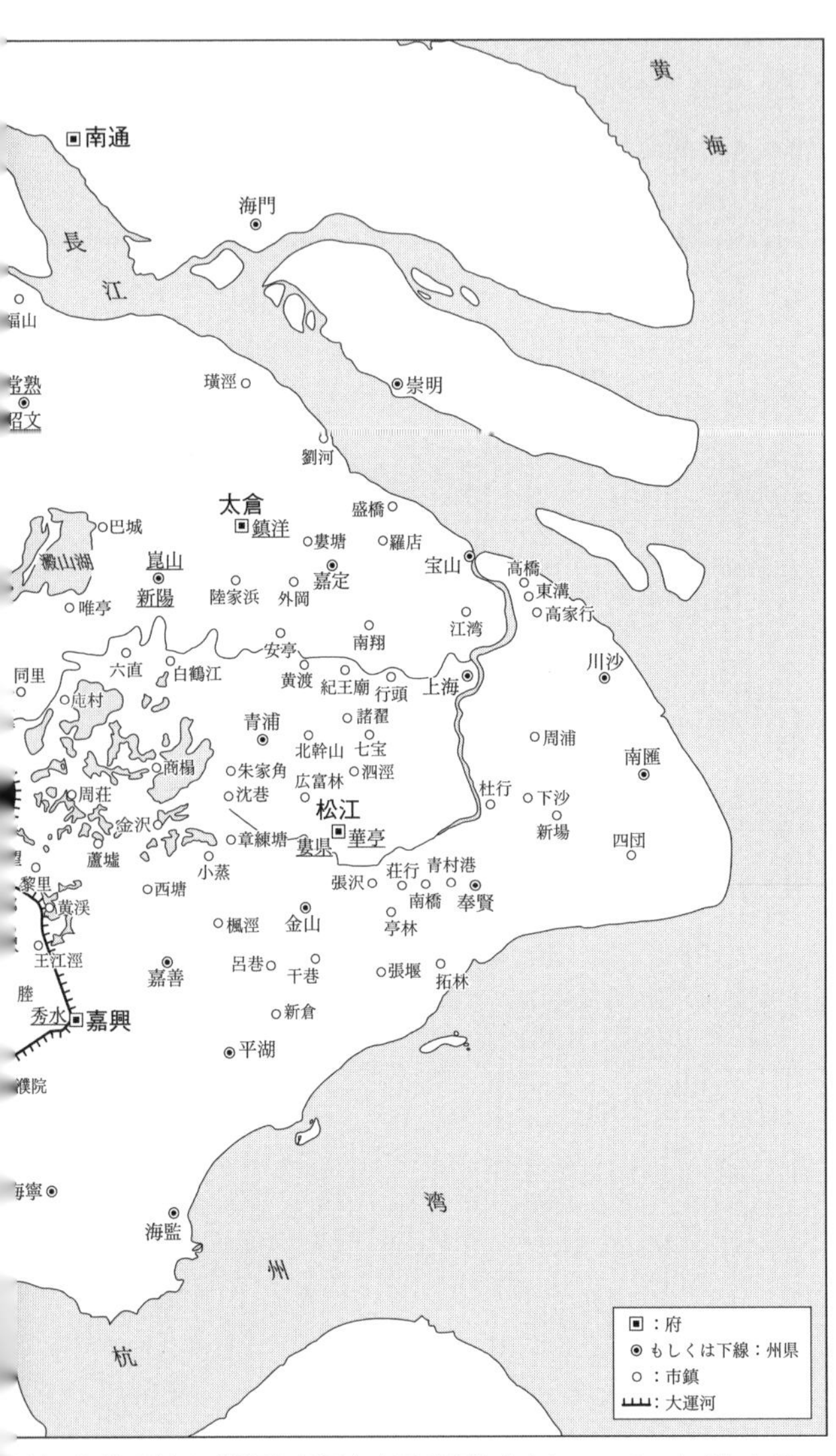


域の海抜が低く、湖沼など巨大水面が多数分布していることがわかる。
は容易に想像できる。

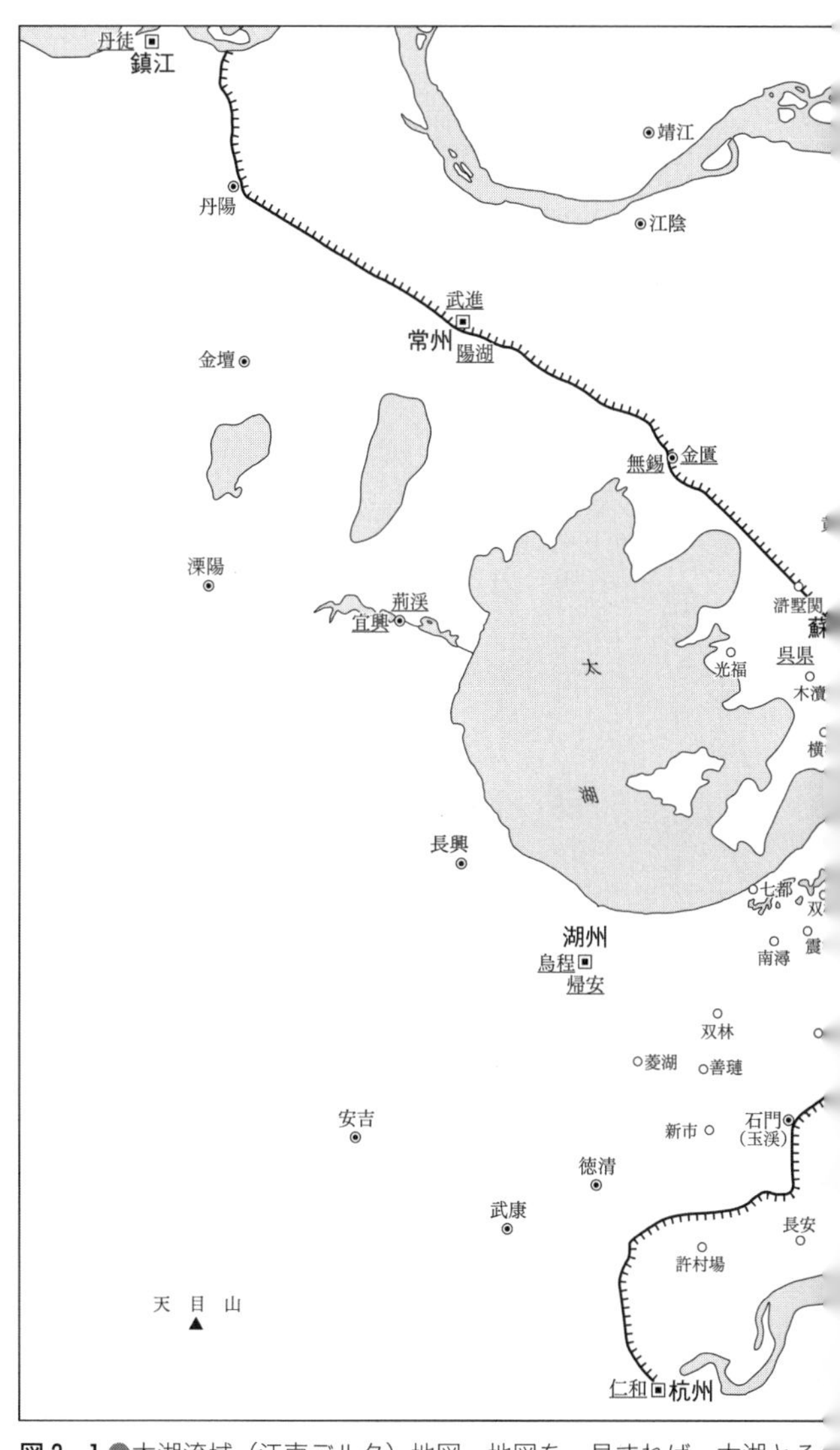


**図 2－1●**太湖流域（江南デルタ）地図。地図を一見すれば、太湖とそ
「南船北馬」とよばれるように、航船が主要な交通手段とな

いくことにしよう（図2-1）。

一つは満鉄上海事務所による江蘇省農村実態調査（一九三九～四〇年）、いま一つは東京大学林恵海（めぐみ）の中支江南農村社会調査（一九三九～四三年）である。管見のかぎり、これら二つの調査以後、戦後中国においては共産党の〝閉鎖的な〟政策の影響もあって、日本人による太湖流域を対象とした本格的な学術調査はしばらく断絶することになった。しかし一九八〇年代半ばにいたると、ようやく大阪大学の濱島敦俊・片山剛による華中南デルタ農村実地調査（一九八七～九一年）、名古屋大学の森正夫による江南市鎮調査（一九八八～九一年）が開始された。これら四つの調査の内容については、すでに石田浩、小島泰雄、佐藤仁史および筆者らによって紹介・検討されている。

ここでは、かりに戦中期の二つの調査を第一世代、一九八〇年代半ば以降の二つの調査を第二世代と呼ぶこととし――すなわち、われわれは第三世代ということになる――、それぞれの世代の調査環境と実施方法に焦点をあてながら、その特色と限界について整理しておくことにしよう。そうすることで、現在、われわれがおかれた環境を再認識し、今後フィールドワークを進めていくうえで、よりよい方法を模索する一助しなると判断するからである。

## 戦前の江南デルタ調査（第一世代）――満鉄上海事務所の調査

第一世代の調査の一つである、満鉄上海事務所による江蘇省農村実態調査は、三回に分けておこなわれた。まず、昭和一四年（一九三九）六月中旬から七月中下旬にかけて、江蘇省嘉定・太倉・常熟の各県において実施された（地名については図2-1を参照）。嘉定では当初、第七郷第二保石崗門を調査地として選定していたが、諸々の理由から澄塘橋村・丁家村に変更し、調査室第五係の内ヶ崎虔二郎のほか、華北通州農事試験場の石谷福信、興亜院（昭和一三年成立。占領地における政務・開発事業を指揮した）華中連絡部嘱託の岡村淑一らが参加した。太倉では第五区利泰郷遙涇を対象として、第五係新居芳郎、華北通州農事試験場田村丞らが、常熟では厳家上村を対象として、第五係岸本清三郎、福田良久、松野義武らが参加して進められた。この〝邦人最初の中支農村実態調査〟の成果はそれぞれ『上海特別市嘉定区農村実態調査報告書』（上海満鉄調査資料第三三編、昭和一五年三月）、『江蘇省太倉県農村実態調査報告書』（第三五編、同一五年五月）、『江蘇省常熟県農村実態調査報告書』（第三四編、同一五年二月）として発表・刊行された。

続いて、昭和一五年（一九四〇）六月上旬から七月上旬かけては、無錫と松江の両県において、さらに昭和一五年九月中旬から一〇月中旬にかけては南通県において、新たに調査が開始された。無錫では開原郷栄巷鎮小丁巷、鄭巷、楊木橋を、松江では華陽鎮西裡行濱、許歩山橋、薛家埭、何家埭を対象として、満鉄関係者のほか、東京大学の天野元之助（中国経済史学者。山東や海南島などでも農村調査をおこない、農書の研究でも有名）らが参加した。南通では金沙地区頭総廟に対象をしぼって、調査室第五係の村上捨巳、日本農業会社の宮地司郎、東亜研究所第三部の井内弘文らが実施した。その

**図2－2**●常熟県で調査する班員と日本軍。こうした銃剣のもとでの調査をどこまで信頼できるかはさまざまな議論があるところだ。

成果もそれぞれ『江蘇省無錫県農村実態調査報告書』（満鉄調査研究資料第三七編、昭和一六年三月）、『江蘇省松江県農村実態調査報告書』（第三二編、同一六年二月）、『江蘇省南通県農村実態調査報告書』（第三八編、同一六年四月）として公開・出版された。

では、これら調査が実施されたさい、調査環境はどのような状況にあったのであろうか。右に掲げた嘉定など三冊の報告書に付せられた調査室主事伊藤武雄の序には「事変は二カ年を経過し第一線は遠く武漢を超えて進んで行ったにも拘わらず、本調査隊の入った上海近村の治安状態には見る可き改善はなく、剰へ農繁期に際会せる為、調査員の活動は著しく阻害され、十二分の調査の行へなかったことは遺憾であった」と語られるとともに、調査員の身辺警護・滞在場所の斡旋に便宜を図った現地部隊・特務班などに対する謝辞が述べられている（図2-2）。

嘉定における調査の「治安概況」の項目には「一歩城外に

出れば身に危険を感ずる程であり、調査を了へて上海の地を踏むまで、実に戦々兢々たるものがあった」とある。また常熟の報告書には「西門外一帯は県城外中でも決して治安は確立されてゐなかった。調査当時は幸ひ比較的状勢好転し、入村の見込が付いたが、常に武装警察隊と共に行動し、我々の調査中は村の各要点に歩哨を立て、外部への警戒を怠らなかった。しかるに七・七記念日の数日前より状勢次第に悪化し、遂に記念日の前後三〜四日間は、部落調査を中止せねばならなかった。村民の中では、我々調査員に対して悪意的行為を為すものは皆無であったが、最初の数日間は婦女子よりも、寧ろ男子の青壮年間に我々を危険視するものが若干居た様であった」と記されている。

このような記述から、当時、調査の実施は決して容易でなかったことがわかる。日本側調査者にとって、治安はかなり憂慮すべき状態にあったらしく、現地部隊・特務班の協力なしに調査は不可能であった。部落（村落）調査を中止しなければならない場合すらあり、村民たちのなかには調査員を「危険視」する者もあった。こうした状況のもとでは、調査は中国（華北）農村慣行調査以上に困難を極め、かりに調査できたとしても望ましいインフォーマントをさがすのは難しいうえ、インタビューの時間も十分には確保できなかったであろう。南通にいたっては「今次調査殊に本地区の調査目的は、占領地区と非占領地区との中間地帯とも称すべき最前線に於ける農村の実態を把握すべく企図したのであるが、……不幸にして敵の游撃地区としての行動範囲にありたるため、調査員の活動は意の如くならず、所期の目的を十二分に遂行し得なかった」「県城又は日本軍の駐屯鎮を一歩出れば相当以上の危険は勿論覚悟せねばならぬ。即ちそこは敵地なのである。我々調査もこれがため、部落の勢力家が敵を恐れて調査の表面に立って便宜を与へることを極度に嫌ったため、可成り苦境に立ったものでつた（ママ）」「当時皇軍に協力せる一部の有力者は虐殺或は拉致の憂目に遭ひ、之がため一般住民の日軍に対する態度にはやや不信の色があり、……ひとたび一歩（金沙、引用者補）鎮外に出ずれば……その危険性は言語に絶し、これが調査上に及ばせる影響は極めて大なるものがあった」とさえ述べられており、否応なしに〝敵としての自己〟を認識させられたのであった。

## 戦前の江南デルタ調査（第一世代）――中支江南農村社会調査

同じ第一世代の中支江南農村社会調査はどうだったのであろうか。東京大学文学部社会学科の林恵海・福武直と、東方文化学院京都研究所の高倉正三らを中心としたこの調査は、昭和一四年一二月から一八年九月まで六回にわたって呉県楓橋鎮と孫家郷でおこなわれ、その成果は林恵海『中支江南農村社会制度研究』上巻（有斐閣、一九五三年、下巻は未刊行）、福武直『中国農村社会の構造』（大雅堂、一九四六年）、高倉正三『蘇州日記』（弘文堂、一九四三年）として刊行された。しかし林の序によれば、調査地の選定はかなり難航したらしい。林らは崇明、嘉興を調査地とすることをあきらめ、呉県（蘇州）に決定したのちも木瀆鎮付近、陽澄湖南方、太湖北の沿岸諸山麓の村落調査を希望したが、すべて断念せざるをえなかった。理由はやはり治安上の問題であった。そして実際に楓橋鎮・孫家郷で調査が開始されると、世帯単位に調査表による調査を試みようとするが、県政府民政科科長暫行の趙祁祺と龔鎮長の反対にあっている（最終的には強行）。

こうした状況にあって林らは、村民たちに近づき親しくなるためにあらゆる工夫と努力をした。保甲長や青年と食事をともにしたり、茶館で閑談したりするようにして、村民の生活に溶け込み、「あたかも隣人に対するが如き純情と親愛の裡に」調査を進行できたという。このような関係を「老朋友（古くからの親友）」と表現する林のなかに調査者としての自負心が垣間見えるが、一方で、満鉄上海事務所の場合と同様そこに占領者の一員として調査する〝敵としての自己〟の不安感を読みとることもできるかもしれない。第一世代の調査者は、そのような引き裂かれた心理状態で調査地の人びとと「老朋友」になり、インタビューを試みざるをえない時代的制約を背負いながら、調査にのぞんだと思われる。

## 2 戦後のフィールドワーク

### 戦後の江南デルタ調査（第二世代）——濱島敦俊・片山剛らの調査

第二世代になると調査環境は一変する。戦時下での調査という性格は拭い去られ、解放後に見られた「竹のカーテン」と呼ばれた共産党の政策も、一九八〇年代以降に改革開放が進むなかで過去のものとなりつつあった。それまで頑なに閉ざされ続けられてきた農村における本格的調査の可能性が、ようやく外国人研究者の眼前に開けてきたのである。そこで第二世代の調査を担ったのが濱島敦俊、片山剛、森正夫らであった。彼らが採用した方法は、現地の社会科学院や各大学との共同研究であった。具体的にいえば、中国側には調査地に先乗りし市県級政府、鎮政府、村民委員会と連絡・折衝してもらうなど、中国人でなければできない調査のさまざまな下準備をお願いする。一方で、日本側は、調査経費を調達するほか、調査地、調査計画やインフォーマントについても十分に検討したうえで、要求をあらかじめ中国側に伝えておき、調査の目的を達成できるように準備をおこなうのである。こうした方法は、いまだ十分には開放されていない農村での調査を順調に進めるのに、もっとも安全かつ効率的なものであり、適切な方法が選択されていたといえよう。その成果は濱島敦俊・片山剛『華中・南デルタ農村実地調査報告書』（大阪大学文学部紀要三四号、一九九四年）、森正夫『江南デルタ市鎮研究』（名古屋大学出版会、一九九二年）として結実した。

濱島敦俊・片山剛らの研究計画「華中南開発史の比較研究」は、一九八七〜九一年の四年間、江南デルタ・珠江デルタ地域を対象としておこなわれた（図2-3）。調査項目は村落・戸口・移住・農業・水利・商工業・漁業・信仰・宗族・地方志・民間伝説など多岐にわたり、また独特な分類整理の方法ともあいまって、右の報告書は一読すればわかるように、それ自体がフィールドワークを用いた

**図2－3**●珠江デルタ調査の風景。広東農村の水利施設を調査する濱島敦俊（左。当時大阪大学）と小島泰雄（現京都大学）。当時中国人民大学に留学中であった筆者も同行させていただき、多くの経験を積んだ。

研究成果であることはもちろん、口碑資料集としての性格を有するものとなっており、今後、フィールドワークをおこなう者にとって必読の書となろう。そこに見える諸項目に表現された濱島・片山の問題関心の幅広さ・的確さ、調査内容の有機的な結びつきの有効性は、筆者が現地を歩けば歩くほどに実感させられた。

序文（三〜四頁）に記された濱島の目的意識は明確である。それは江南デルタ地域の開発と移住、人口飽和と商業化という図式において、デルタ農村社会の構造と変動を確認することにあった。しかし地方志など公刊された歴史文献、すなわち都市や市鎮に居住する支配層の都市的かつ士大夫的観点から記された資料には「田間の小民の鄙事」が書き留められることはきわめてまれであったから、こうした限界を克服するために選択されたのがフィールドワークであった。

実際の調査を進めるにあたっては、かつての費孝通の開弦弓村調査のほか、当時、同時並行でおこなわれつつあった森正夫を中心とする江南市鎮調査が意識されていた。濱島は〝江南デルタ〟の語では一括りにできない、異なった生態環境・生業を有する村落のデータを増やし、研究者間で共有する必要性があると、フィールドワークの積み重ねへの期待を表明したのであった。

## 戦後の江南デルタ調査（第二世代）——森正夫らの調査

一方、森正夫を中心とする江南市鎮調査は、一九八八〜八九年（九一年に補充調査）に上海市青浦区朱家角鎮、同市宝山区羅店鎮など多数の市鎮を対象として実施された。森らは、過去は市鎮、現在は小城鎮と呼ばれる農村部の都市的集落こそが、明清時代から近代へ、そして今日における江南デルタの先進性を支えてきたのではないかとの仮説を検証すべく、歴史学と地理学との共同作業として市鎮の歴史、地理・生態環境、領導層、裁判・調停、市場に関する調査を展開したのである。

明清史研究者である濱島・片山・森らが一九八〇年代後半〜九〇年初に実施した二つの代表的なフィールドワークは、目的・手法・調査項目・成果の公開方法に相違点が見られたものの、ほぼ同じ時期に、かつ同じ江南デルタを対象とした戦後初の本格的な調査であり、また景観調査で身につけた「現地感覚」と、インタビューで収集した口碑資料を基礎とした研究成果を世に問うている点で、研究史上、画期的な位置を占めるものであるといっても過言ではない。

しかし、彼らの方法にも問題点は少なからず存在した。調査対象となる村落やインフォーマントの選択など、調査の重要な部分を中国の各級政府に委ねればならず、しかも実際に現地に到着すると必ずしも要求した条件を満たしたものが準備されていたわけではなかった。インタビュー当日には政府関係者が監視役として必ず同行し、ときにはインフォーマントの回答をさえぎることすらあった。大躍進運動、文化大革命など政治に関わるものはもちろん、民間信仰などについてたずねるのもタブーであった。このように第一世代とはまったく性質の異なる戸惑いを抱えた第二世代の調査者は、試行錯誤を繰り返しながら、戦後初の本格的な江南農村調査を展開していたのである。

また第一世代と第二世代を比較したとき、前者が満鉄関係者や社会学者——一方、華北農村調査は法学者——を中心として、調査が実施されたのに対し、後者では歴史・地理学者を中心として構成されていた点に特徴がある。筆者もまた歴史学を専門とする者であるが、歴史学者が歴史文献を読み込んで分析するとともに、歴史文献のみでは判明しない「非文献」の世界を、インタビュー調査を含むフィールドワークという手法を用いて明らかにしていく。そしてさらに綿々と受け継がれてきた伝統と歴史の結果としての現代社会までをも視野に入れながら歴史世界を構築していく。そうした可能性と方向性を提示した成果として、第二世代の調査を明確に認識し継承していく必要があろう。

## フィールドワークから導き出される論点

たとえば、濱島は、報告書にも明らかなとおり、江南デルタの神々――城隍神（都市の守護神）などの全国神や、限定された地域で祀られる土神――について多数のデータを収集している。歴史文献が比較的に豊富な江南デルタにありながらも〝隔靴掻痒〟の感が否めなかった民間信仰研究の限界を、精力的な景観調査と口碑資料の収集とによって突破し、歴史学のみならず民俗学・宗教学などにもまたがる学問横断的な成果として結実させた。具体的には、中国の民間信仰における「巫覡（ふげき）」と呼ばれるような宗教的職能者の重要性を指摘したり、江南デルタ地域社会の三層構造「県社会――「郷脚（費孝通が使った江蘇省呉江県黎里鎮の方言。市鎮と後背地農村をさす）」の世界――「社（村落社会）」の世界」が、言語面では「文語――白話的文語――白話」に一致するのではないかとの自説を提起したりしている。

筆者も二〇〇〇年代に入って以降、江南デルタ調査をおこなうなかで、各村落に少なくとも一人、場合によっては複数の「巫覡」に出くわすなど、宗教的職能者たちが予想以上に存在していることを確認できた（図2-4）。右のような濱島の自説は景観調査と口碑資料という現地の人びとの生々しい証言があればこそ、きわめて現実味のある説得性の高いものとして多くの研究者に受容されてきたと思われる。

一方、片山は、かつて華北農村調査に従事した旗田巍によって検討されながら否定された〝村の領

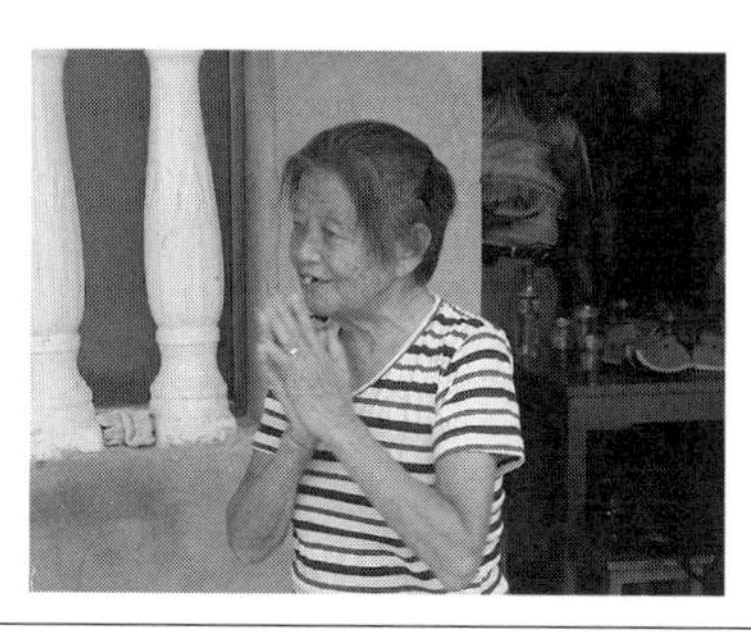

**図 2 - 4** ●太湖流域調査で出会った宗教的職能者「仏娘」（現地語では「仏図」という。2008 年 8 月13 日、筆者撮影）。この「仏娘」は筆者が初めて遭遇した宗教的職能者。村の中で他の老人たちにインタビューしているさい、突如神が降臨し「開心、開心！（うれしい、うれしい！）」とさけんで神の言葉を告げたので、調査グループ一同おどろいてカメラを向けた。

域〟という村落共同体論に関わる問題を再度俎上に載せている。みずからの珠江デルタ調査でつかんだ「現地感覚」をたよりに、歴史文献の再検討を試み、明清時代の広東に村落共同体（＝村の領域）の残滓を見いだした。この中国聚落史研究・共同体論などの研究分野は、実際に農村を歩くようなフィールドワークという方法が非常に有効であり、入会（いりあい）など今日的なコモンズ論に関わる議論との対話までも視野に入れた裾野の広い可能性を秘めている。

森の場合、みずからが提唱した「人間の生きる基本的な「場」の研究の実践にはフィールドワークが不可欠であった。江南デルタの朱家角鎮など主要な市鎮を歩きながら、郷鎮志を併用することで、市鎮を中心とした地域社会の秩序変動を鮮やかに描き出した。

現在、中国を対象としてフィールドワークをおこない、コモンズ論的な議論などを展開する経済学者や文化人類学者は少なくない。しかし残念なのは、それがしばしば参与観察のみで立論してしまっており、歴史学的な視点を欠く場合が見られることである。翻って、歴史学者の手法を省みるならば、歴史文献を丹念に読み込む訓練を受けることはもちろん、フィールドワークをも手法に加えることで、歴史文献から得られる情報を相対化したり、相補ったりしていかねばならないであろう。個別の手法は必ずしも特定の学問に帰するものではないからである。濱島・片山・森らによるフィールドワークはまさにこれを実践したものであった。どこまでが歴史学が取り扱う範囲なのかという疑問はさておき、現代の地域社会とそこに生きる人びとをも射程に含めた「地域社会論」がここに本格的に開始されたのであり、今後さらなる継承・発展が求められるのである。

## 「地域社会論」とフィールドワーク

森が提唱した「地域社会論」を振り返ってみると、それはある意味でかたちを変えた、かつての共同体論に比せられるべきものといってよいかもしれない。なぜならば、村落共同体の位置づけが相対化された現在、個別の村落を越えた人びとの日常生活における基本的な「場」はいったいどこに想定できるのであろうか、それが重要な検討課題の一つだったからである。これは「地域社会論」の旗印のもと、多くの研究者によって取り組まれ、地域の定義を変えつつ実証されていった。結果的に明らかになったのは、人びとが生きる基本的な「場」には、地域によって多様な選択肢——たとえば、同

**図2－5**●ゆったりとした時が流れる、農村の中心地としての同里鎮（2005年8月19日、筆者撮影）。同里鎮は江南デルタの有名な「水郷古鎮」の一つ。現在は上海郊外の観光地として人気を集めている。クリークにかかるアーチ型の形状の橋は江南デルタに独特のものである。

業、同郷、同族、宗族連合、あるいは秘密結社などの諸関係――が存在したことであり、江南デルタの場合は、市鎮を中核とし一定範囲内の周辺農村を包摂した地域社会に、相対的に強い共同体的結合を見いだすことができたと結論づけられる（図2-5）。当然ながら、江南デルタにもさまざまな社会関係が存在し、そのときどきの状況に応じてもっとも適当な関係が選び取られたのであろうが、経済都市であるとともに農村の中心地としても機能した市鎮と後背地農村とのあいだに、費孝通の言葉を借りれば「郷脚」とも呼べるような有機的かつもっとも基本的な結合関係を〝発見〟できたと考えられる。

しかし、そうはいっても村落の共同性がすべて否定されたわけではなく、相対的に微弱であるというにすぎず、人びとは重層的な生活空間を形成していたとみるべきである。今後はさらなる江南デルタ村落――費孝通が調査した開弦弓村が現在でも最も有名な事例であることは言を俟たない――の比較歴史学的検討・復原が求められる。歴史文献のみでは大きな制約が存在するものの、かつて川勝守が歴史文献から拾い上げて初歩的な分析を試みた「捉落花（収穫後＝ポストハーベストに残された棉花を拾う行為）」のような〝落ち穂拾い〟にも似た共同体的慣行を対象としたフィールドワークを実施すれば、おもしろい結果が得られるのかもしれない。

## 平成の太湖流域調査（第三世代）――われわれの新たな挑戦

最後に、第三世代を自認する筆者らの太湖流域調査を簡単にまとめておきたい。中国留学時代に福建省農村調査をおこない、濱島・片山の珠江デルタ調査に参加した経験のある筆者は、明清時代から近現代までの太湖流域（江南デルタ）市鎮と農漁村の歩みを、歴史文献（地方文献）とフィールドワークから明らかにしようと、自らを代表として、二〇〇四年八月に山本英史（慶應義塾大学）、稲田清一（甲南大学）、陳来幸（兵庫県立大学）、佐藤仁史（一橋大学）とともに調査グループを結成し、地方檔案館や図書館に所蔵された歴史文献の閲覧・収集、農漁村の幹部・老農民・老漁民へのインタビューを開始した。ときにメンバーには、緒方賢一・藤野真子（ともに関西学院大学）、長沼さやか（静岡大学）、小島泰雄（京都大学）、吉田建一郎（大阪経済大学）、戸部健（静岡大学）、横山政子（志学館大学）らを迎えながら、戦中・戦後の市鎮・農漁村の歴史、地方行政、土地所有、商業団体、社会組織、民間信仰、文化芸能、農村の生活と感染症などについて幅広く情報を収集した（図2-6）。二〇一二年八月までに計一三回にも及ぶ調査を実施し、現在では基本的な調査を終了している。研究成果として

**図2－6**●太湖流域調査におけるインタビュー（王家浜村、2008年8月10日、筆者撮影）

は、太田出・佐藤仁史編『太湖流域社会の歴史学的研究――地方文献と現地調査からのアプローチ』（汲古書院、二〇〇八年）といった論文集のほか、佐藤仁史・太田出編『中国農村の信仰と生活――太湖流域社会史口述記録集』（汲古書院、二〇〇八年）、佐藤仁史・太田出編『中国農村の民間藝能――太湖流域社会史口述記録集2』（汲古書院、二〇一一年）、太田出・佐藤仁史・長沼さやか編『中国江南の漁民と水辺の暮らし――太湖流域社会史口述記録集3』（汲古書院、二〇一八年）などのインタビュー記録集を出版・公開、また学術雑誌に多数の論文を投稿・発表した。約九年間にもおよんだ学術調査の全容はいまだ公開しきれていないが、調査グループのメンバーがそれぞれ個別のテーマを深化・発展させる段階へと到達したのである。

筆者らが論文集・インタビュー記録集を作成・公開するにあたって、いくつか注意した点がある。今後、若手を中心とする他の研究者によって展開されるであろうフィールドワークのためにも、みずからの手で整理しておきたい。

第一に、インタビューはもちろん、論文化するさいにも、調査グループのメンバーが明清時代から近現代中国までを幅広く視野に入れ、自覚的にその連続と断絶を検討し描き出そうとした。第二に、メンバーは地方行政、商業団体、土地所有、文化芸能、漁民・漁撈など、多岐の項目にわたって調査を展開しながらも、基本的に全員が可能なかぎり同席し、太湖流域の一体性・独自性を意識するよう心がけた。第三に、インタビュー記録集は中国語で発表することとした。周知のとおり、華北農村調査ではインタビュー内容をすべて日本語訳で、濱島・片山の調査ではインタビューを掲載せず項目ごとに日本語で整理している。筆者らもどのような形式で記録を残すことが最適なのか悩み、さまざまな議論をおこなったが、最終的には、可能なかぎりインタビューの雰囲気、中国語のニュアンスを残すために、中国語（普通話）を選択した。突き詰めれば、インフォーマントの口から発された呉語や蘇北・山東の方言で書き留めるのがベストであろうが、漢字での表記は難しいうえ、時間的にも人材のうえでも限界が大きいために断念せざるをえなかった。また、CDによる音声、DVDによる映像の公開も視野に入れたが、技術的制約からこれも実現にはいたらなかった。今後、フィールドワークを展開される方々には、いかなる方法で整理・公表するのがベストか、是非とも模索して欲しい。

筆者らの太湖流域調査はたぶんこれまでの同地域を対象とする調査のうち、もっとも長い時間を費やしたものであり、収集した地方文献やインタビュー記録（口碑資料）も公開できていないものも含めれば、膨大な量に達している。筆者らはインタビュー記録集を出版するたびに、必ず解題論文を同時に執筆・掲載し、読者あるいは今後の研究者に利用しやすいように心がけてきた。インタビューは拙い部分も少なくないが、若い研究者に読んでいただき、そこからインスピレーションを感じながら、新たなステージへと進んで欲しいと期待している。調査グループのメンバーはほとんどが「地域社会論」に直接的間接的に参加していた者であるから、われわれが取り組んだ〝人〟の見える歴史像の構築、〝人〟から〝地域社会〟〝国家〟〝グローバル〟を意識した歴史像への発展を汲み取っていただければこれほどうれしいことはない。

# 第3章 歴史学者とフィールドワークの実践

## 1 フィールドワークを実践する側と受ける側

これまで中国近世史をめぐって展開されてきた「地域社会論」とフィールドワークとの関係について簡単な整理をおこなってきたが、次にフィールドワークを実践する調査者側が考慮すべき、受け入れ主体である地域社会（インフォーマント）側との関係について論じておくことにしよう。

### 〝ゲリラ的調査〟と現地人の協力

さきに紹介した濱島・片山・森らのフィールドワークの調査日程表から推測すると、ともに必ず鎮人民政府ないし上級の人民政府を通したうえで調査を実施している。これは人民政府の幹部と座談会をもつことで調査地域の概況を認識するとともに、インフォーマントの選別をも政府側に一定程度委ねることで、調査が（地方政府との関わりにおいて）支障なく進められるよう、あらかじめ環境を整えておく目的を有していた。

このような方法はたしかに有用であり、順調に調査を進めるうえで、もっとも安全かつ確実な方法であるといえる。しかし筆者が調査をはじめたころは、中国側の政治状況にも緩慢ながら変化が生じてきており、必ずしも人民政府を通さずとも、いや、むしろ通さないほうがよい場合すらあった。それは片山が〝ゲリラ的調査〟と呼んだ、個人的な関係（グゥワンシー）を利用した方法である（図3-1）。

これまで筆者は夏季・冬季・春季を問わず、休暇を利用して江南デルタを歩いてきたが、とくに人民政府を通すことはなく、現地の大学・研究所の研究者や現地人の郷土史家、友人と歩くように努めてきた（図3-2）。行政機関は鎮人民政府や村民委員会を表敬訪問し、即席の座談会をおこなう程度で（図3-3）、そのときに友人に現地方言で、われわれがどうして来たのか、何が知りたいのかを簡単に説明してもらい、にこやかに雑談するように心がけてきた。一般的には、これで十分であったのであり、鎮人民政府や村民委員会の幹部も現地人が随行していることで安心し、むしろ心から歓待してくれた。

こうした〝ゲリラ的調査〟を敢行する場合、一般の現地人（非研究者）がメンバーに含まれていると、かなり印象が異なるように感じられた。気配りができ、調査に理解のある現地人がもっとも望ま

図３－１

図３－２

**図３－１**●船上生活漁民と話をする調査グループのメンバー（2006年８月26日、筆者撮影）。メンバーに女性が含まれると、インフォーマントの対応も柔かなものとなる。写真の女性（左から二人目）は当時、中国中山大学の院生。

**図３－２**●インタビューする郷土史家（右）。宣巻芸人をインタビューしているところ。この郷土史家は宣巻など民間芸能に造詣が深く、積極的にわれわれを支援してくれた。

図3－3

図3－4

図3－3●蘇州光福鎮太湖漁港村村民委員会での即席座談会。太湖の沿岸に位置する光福鎮とその付近に分布した船上生活漁民についてはわずかながらも歴史文献が残されている。しかし、現状を知るうえでは、村民委員会の幹部から話を聞くのがもっとも確実な方法である。

図3－4●老農民にインタビューする現地人協力者（左）。彼は地元の名士で大変顔が広く、みずからのネットワークを用いて幅広くインフォーマントをさがしてくれただけでなく、呉話を駆使してインタビューの通訳も引き受けてくれた。

**図３－５**●網船会という漁民の廟会でのワンシーン。これは船上生活を送っていた漁民たちが毎年開催する、みずから信仰する劉王のために祭祀を執り行なうもので、浙江省王江涇鎮の劉王廟に多数の漁民たちが集う。写真は櫂（かい）を動かしているところで、船上生活漁民であることをアピールしている。

しい（図3-4、口絵2）。まったく問題なしとはいえないが、こうした方法も十分に可能であった時期も存在したのである。

## インフォーマントの実名公表はありか？

前述のような個人的な関係を利用した調査を実施してみると、これまでにはなかった、いくつかの新たな課題が表出してきた。

まず、フィールドワークの成果を報告書ないし学術論文として発表するさい、インフォーマントの実名を公表すべきか否かである。とりわけ、かつて「封建迷信」と呼ばれた民間信仰や民間芸人たちの活動（図3-5）――宗教的な色彩を除けば、一種の文化活動として〝黙認〟されつつある――の調査は、個人的な関係を利用したほうが順調に実施できるが、万が一のことを考えると、実名公表にはどうしても二の足を踏んでしまう。文化人類学や地理学など、フィールドワークが普遍的な分野では、周知のとおり、すでに合意が形成されており、実名は公表せず、論文などのなかでは「A村のB氏」とのみ記される。

しかし、歴史学では、そうした合意はいまだなされていないし、歴史学に求められる実証性の観点からすれば、インフォーマントの実名の公表は不可避である。実際に、さきに紹介した濱島・片山、森の二つの報告書では、インフォーマントに対する十分な配慮がなされつつも、実名で公表されていた。こうした問題はきわめて複雑であり、さまざまな方面への配慮が必要なことから、本書で軽々しく結論を出せるものではないが、今後、中国政府の政策——とくに人権問題に関わるもの——の方向性をしっかり見定めながら、調査者自身がそれぞれに最適な判断をおこなっていかざるをえないのであろう。

## インフォーマントに聞くべきか否か?

第二に、政治的に敏感な問題、たとえば、大躍進運動や文化大革命のころの話を聞いてよいか否かである。これまで筆者が現地中国の農村に赴いて調査するにあたっては、片山剛「中国近世・近現代史のフィールドワーク」(須藤健一編『フィールドワークを歩く——文科系研究者の知識と経験』嵯峨野書院、一九九六年、所収)が非常に参考になった。そこには「解放後のことはあまり聞かぬように」(二九九頁)という当時のパートナーの言が載せられており、片山自身の見解ではないが、大躍進運動・

文化大革命などのことを問うときには十分な注意が必要であることが述べられている。

筆者がフィールドワークをおこなっていたころは、かならずしもそうではなかった。たとえば、鎮人民政府の文化局長や村民委員会の幹部に民間信仰や廟会のことをたずねると、「そんなものは封建迷信だ」「私は知らない」「この村の人は行かない」という否定的な回答にしばしば出くわした。筆者が見るかぎり、彼らは民間信仰や廟会の存在を明らかに知っているし、村の多数の人びとはそこに行っていた。ただし、彼らの立場としてはそういわざるをえないのである。

ところが、同じ質問を老農民に問うと、彼らの反応はきわめて明るかった。われわれ調査者に積極的に答えてくれるし、惜しげもなく何でも見せてくれる。「文化大革命のときはひどい目にあった」と、封建迷信弾圧があたかもはるか過去の記憶であるかように話してくれた。そうした楽観的な態度に一抹の不安を感じなくもなかったが、一方で、大躍進運動や文化大革命の推移などについても、可能なかぎりインタビューをおこなって記録に残すべきだという気持ちも湧いてきた。民間信仰や民間芸能を例とするならば、現在、われわれの眼前にある信仰・芸能活動はなぜ「復活」したのか、目的・意味づけを考慮に入れたとき、それは「復活」なのか、あるいは「再創造」というべきなのか、現在のそれが過去のものを正確に踏襲しているとすれば、そもそも文化大革命のときに本当に「断絶」を経験したのか、それとも地下活動として脈々と受け継がれてきたのかなど、いますぐにでもインタビューをおこなって書き留めておきたいことが次々と出てくる（図3-6）。つまり筆者としては

**図3－6●**宣巻芸人による表演（2005年8月5日、筆者撮影）。宣巻は明清時代の地方志にも見える中国伝統芸能の一つ。現在でも農村では人気のある催し物である。筆者らはこの朱火生氏（中央、男性）の班子に密着取材したが、彼らの系譜関係や文化大革命期の歩みについては、さらにたずねたいことが少なくない。

「聞かぬように」するのではなく、「可能な範囲で（可能であれば積極的に）聞くように」すべきであると考え、実際にそのように実施してきたのである。

しかし、直近の中国政府の外国人研究者（とくに中国近現代史研究者）の調査・研究に対する、敏感すぎる、あるいは神経質すぎるほどの管理・取締りの強化——それはときに研究者の身柄拘束をともなう——を念頭におくと、十分すぎるほどの考慮をしてもしたりないということはないのである。

## インフォーマントに何をフィードバックすべきか？

第三に、われわれ調査者はインタビューを実施したのち、必要な情報さえ得られれば、インフォーマント本人、ひいては彼らが属する地域社会に対して何らかのフィードバックをしなくてもよいのかということで

**図3－7**●農村での食事も大事なコミュニケーションの場となる。農村で採れる野菜や新鮮な鳥肉、鶏卵はもちろん、甲魚（すっぽん）や上海ガニなども、現地人がわれわれに振る舞ってくれる自慢料理だ。こうした料理をいただきながら、調査の補充をおこなった。

ある。調査者とインフォーマントとの関係は、お礼を述べて謝礼を支払い、帰国後は手紙を書いて写真を同封するのが一般的であろう。それが政府を通した調査であれば問題ない。しかし個人的な関係を利用した場合、今後も関係を継続していく必要があるか否かを問わず、協力してくれた友人やインフォーマント本人にはさまざまな意味での配慮が重要となる。現地人の友人や郷土史家は故郷の歴史や伝統文化、あるいは自己の歴史的な体験をわれわれ研究者——しばしば政府関係者として来訪したと誤解されることもあった——に語りたい、伝えたいという一種の〝信頼感〟や〝愛郷心〟から積極的に協力してくれることが少なくない。したがって、彼らとは日々食事を共にするなかでしっかりコミュニケーションを図れば（図3-7）、さして大きな問題とはならない。むしろインフォーマントとの関係が問われる。われわれは情報を搾取するのではないとすれば、彼らに対していった

**図3－8**●呉江市の村落に祀られた劉王（劉猛将）像（2005年8月7日、筆者撮影）。この神像の背面に筆者らの名前が記されている。今もあるのだろうか。

い何ができるのであろうか。

これはかなりの難問であるが、筆者個人としてはインタビューから得た言葉のなかにヒントが隠されているように思われた。それは民間芸能の一老芸人と語り合ったときに「このとおり、聴衆のほとんどは高齢者で、最近の若者はこうした活動に興味がない。弟子などいないし、われわれの世代で終わりだよ」と、彼がぽつんともらした一言だった。これはあくまで伝統芸能全般がもつ悩みなのかもしれないうえに、中国の場合、こうした芸能にも政治的な問題が絡んでくるため、たやすく解決できるものではない。

しかしたとえば、われわれが調査した民間芸能の歴史・現状・価値を何らかの方法で若者に伝えていくことはできないだろうか。少なくとも研究成果を日本語なり中国語なりで発表して、世に問うことは可能であろう。実際、われわれが調査をおこなっているとき、蘇州の電視台（テレビ局）から取材を受けたり、非物質文化遺産として申請・登録しようとするさいに、その魅力が外国人(われわれ)の興味関心を惹きつけていることを強調したりする場面も見られた。

筆者らは一つの「冒険」をおこなったこともある。お世話になった現地人の出身村では、ある特定の神に対する信仰が篤かったが、資金不足から村廟を建てられないでいた。そこでわれわれが資金を工面したうえで、村に神像を奉納した(図3-8)。村民たちは喜んで簡単な小屋を建てて神像を祀ったのであった。しかしこうした行為は「封建迷信」弾圧に抵触する可能性もあり、その是非の判断は難しいところである。

また、戦後中国の歩みを一般庶民(老百姓)——農漁民や地方政府の幹部——の口から語ってもらい、そうした現場に生きた人びとのナマの証言を丁寧に書き留め、整理していくことそれ自体も、長い目で見れば、インフォーマントにとって重要なことになるかもしれない。筆者がこれまでに発表した研究成果を見ていただければわかるとおり、インフォーマントにはすでに高年齢に達した、あるいは他界してしまった人が少なくない。調査中も時間をおいて同じ農漁村に赴くと「やあやあ、また来たのか。でも○○さんはもう亡くなってしまったよ」という話がすぐに伝わってきた。そのとき筆者は「われわれは仕事から見れば、まさに〝遺言作成人〟だな」とさびしく感じたことを覚えている。その脳裏には、みずからの住む農漁村の中華民国期の状況から、土地改革、抗米援朝、大躍進運動、社会主義改造、文化大革命など、戦後中国がたどってきた複雑な道のりをわれわれに熱く語るインフォーマントの姿が浮かび上がっていた。彼らの証言が今後これまでの中国共産党の政策に歴史的な評価を与える材料となる日が来るのを期待したい。

## 2 フィールドワークと歴史学の展望

最後に、本章を締め括るにあたって、文献批判の学問である歴史学における、口碑資料の収集を中心とするフィールドワークという方法の有用性について、筆者なりの考えをまとめておきたい。

### フィールドワークは歴史学になじまないか?

歴史文献と口碑資料という異なる性格を有した資料に関していうと、やはり歴史学とは文献資料を徹底的に読み込み、複数の資料を突き合わせながら客観的事実を発掘(ファクト・ファインディング)し、そこから理論を構築していく学問であるという考え方が一般的である。歴史学という学問の定義に関して異論はなく、またすべての分野がフィールドワークを必要とするわけではないが、その裏返しとして存在する、フィールドワークによる口碑資料は、そもそも無文字社会・現代社会を研究対象とする文化人類学や社会学の方法であって、歴史学にはなじまないものであるという考え方にはいささか賛同しかねる。なぜなら、そこにはたんに学問と方法との関係にとどまらない、歴史文献ならば信頼・依拠するにたるが、口碑資料はインフォーマントの主観や記憶違いが入るため、信頼・依拠するにたらない、という先入観があるように思われるからである。

## 口碑資料と歴史文献

口碑資料はたしかに個人からのインタビューにすぎず、それをただちに普遍化するには危険があり、取り扱いには慎重でなければならない。普遍化するためには、より多くのインフォーマント（少なくとも政治的経済的な立場を異とする複数のインフォーマント）からインタビューを実施し、互いに突き合わせながら情報を精査していく必要があろう。とりわけ、老農民の証言はみずからの階級や経済的な利益関係に束縛・制限される場合が少なくないうえ、またわれわれ調査者とは時間感覚も異なるため、インフォーマントの証言のみから事柄の前後関係を断定していくのはきわめて難しいからである。

たとえば、具体的な事例を話すと、同じ質問を投げかけても、政治的経済的な立場の異なる「地主」「富農」と「貧農」とでは、回答が大きくかけ離れる場合がしばしばある。そのため、インタビューをおこなうさいには、まずインフォーマントの履歴をくどいほど事細かくたずね、どのような立場からその回答が発せられたかを吟味しなければならない。

一方、歴史文献はおおむね文字を駆使できる知識人層——近年では下級識字層が記録した資料も注目され、実際に大いに利用されつつあるが——の手になり、彼らが地域社会の秩序の担い手であったこともあって、地域社会を広く見わたす視点から記載されていることが多い。「地域社会論」にもっとも重要な情報をもたらすものの一つである地方志や族譜（一族の系譜や歴史などを書き記したもので、やはり一族中の知識人層の手になる）は、その最たるものであろう。しかし知識人層が残した情報であっても、すぐさまそれを鵜呑みにするのではなく、他の歴史文献からの裏づけをとる必要があるし、ましてや濱島がいう「田間の小民の鄙事」であればなおさらである。なぜなら、それらは書き残されたものがあくまで知識人層の〝世界観〟なのであって、「小民」＝農民の〝世界観〟を直接的に表現したものではないからである。したがって、十分な資料批判が不可欠なことは、口碑資料であれ、歴史文献であれ、同様であるといえる。

## 歴史学における口碑資料の〝有用性〟と〝限界〟

こうした二種類の資料の性格上の相違は、歴史文献という、ある意味ですでに記述者による整序化・理論化をへた情報と、下からのナマの声からすくい取った情報——それは時間的に遡及することが年々難しくなってはいるが、歴史学者にとっても有用な情報は多い——のうち、いずれが〝信頼・依拠する〟にたる事実を提示するか、という問題に帰着する。この点については論者によって意見が異なるであろうし、いずれにも長所と短所を内包しているのは間違いない。それぞれの特色をあえて強調しながらいうと、歴史文献に依拠した研究は、記述者と研究者の双方による理論化をへた、いわば理論研究であるのに対し、一方、口碑資料に依拠した研究は、調査兼研究者（両者は分離することもある）自身が直接にインフォーマントにインタビューを実施して書き記した実態・事例研究であると整理することができるのかもしれない。

このように二つの研究は方法論的にかなり異なっており、そこから汲み出し提示される結論も、当然ながら大いに異なることが想定される。もしそうであるとすれば、われわれはその相違をどのように理解するのか、いかに整合的に解釈して像を結んでいくのかが重要な作業となってくるであろう。たしかに、方法論・資料論の立場から今後も議論が積み重ねられ、歴史文献と口碑資料とが相互にせめぎあうなかで、フィールドワークが歴史学の方法——若手研究者は〝知識人層〟の世界観に塗り固められた歴史文献の読解・分析だけではなく、ややもすれば歴史学には欠落しがちな〝下からのナマの声〟をすくい上げる有効な手段としてのフィールドワークを身につける——として位置づけられていかねばならないであろう。つまり「文献の世界」と「非文献の世界」とをつなぎあわせ、融合した世界像を構築していくのである。それは決して一個人の世界にとどまらず、地域社会や国家、さらにはグローバルな世界と接合することも可能であろう。

ただし、現状としては、たとえこのような方法論的理念的な相違があろうとも、歴史学において双方が明確に区別されるほどに蓄積があるわけではないから、まずはフィールドワークの今後の積み重ねとそれを利用した研究成果の公表を続けながら、文献批判の学問としての歴史学のなかに、口碑資料の有用性と限界を認識し、研究者のあいだで議論・共有しながら定着させていくべきであろうと思われる。

## 参考書籍・論文（一）——中国地域社会論を深めたい人へ

地域社会論に関わる研究は多数存在する。すべてを掲げる紙幅はないから、筆者が本書を執筆するにあたって念頭においた代表的な書籍・論文のみを紹介しておきたい。


①岸本美緒『明清交替と江南社会——一七世紀中国の秩序問題』（東京大学出版会、一九九九年）
②岸本美緒『風俗と時代観——明清史論集〈一〉』（研文出版、二〇一二年）
③岸本美緒『地域社会論再考——明清史論集〈二〉』（研文出版、二〇一二年）
④岸本美緒「中国中間団体論の系譜」（岩波講座『「帝国」日本の学知』第三巻、岩波書店、二〇〇六年、所収）
⑤岸本美緒『礼教・契約・生存——明清史論集〈三〉』（研分出版、二〇二〇年）
⑥森正夫『江南デルタ市鎮研究』（名古屋大学出版会、一九九二年）
⑦森正夫「清代江南デルタの郷鎮志と地域社会」（『東洋史研究』五八巻二号、一九九九年）
⑧濱島敦俊『総管信仰——近世江南農村社会と民間信仰』（研文出版、二〇〇七年）
⑨夫馬進『中国善会善堂史研究』（同朋舎出版、一九九七年）
⑩片山剛『清代珠江デルタ図甲制の研究』（大阪大学出版会、二〇一八年）
⑪山田賢『移住民の秩序——清代四川地域社会史研究』（名古屋大学出版会、一九九五年）
⑫上田信『伝統中国——〈盆地〉〈宗族〉にみる明清時代』（講談社メチエ、一九九五年）
⑬菊池秀明『広西移民社会と太平天国』（風響社、一九九八年）

⑭中島楽章『明代郷村の紛争と秩序——徽州文書を史料として』（汲古書院、二〇〇二年）
⑮荒武達朗『近代満洲の開発と移民——渤海を渡った人びと』（汲古書院、二〇〇八年）
⑯太田出『中国近世の罪と罰——犯罪・警察・監獄の社会史』（名古屋大学出版会、二〇一五年）

# 第4章 華南農村を歩く——福建省の農村と祀られる神々

## 1 歩文鎮蓮池社という村——林毅川氏との出会い

### 調査地の紹介

本章以下では、事例として実際に個別具体的な村落をいくつか取り上げながら、中国農村を観察してみたいと思う。筆者はかつて中国の福建省南部の都市・漳州の東南に位置する龍海市へと赴いた。龍海市とは龍渓県と海澄県を合併して一九六〇年に成立したもので、石碼鎮に市政府をおいている。ここで紹介する歩文鎮は、石碼鎮から西北西へ約一二キロメートル、漳州市から東へ約二～三キロメートルの地点、九龍江の左岸に位置した（図4-1）。その鎮域内には、複数の「行政村」（正式には村民委員会という公的な住民自治組織として設定されたもので、郷鎮レベルの行政の最末端の役割を担う）が

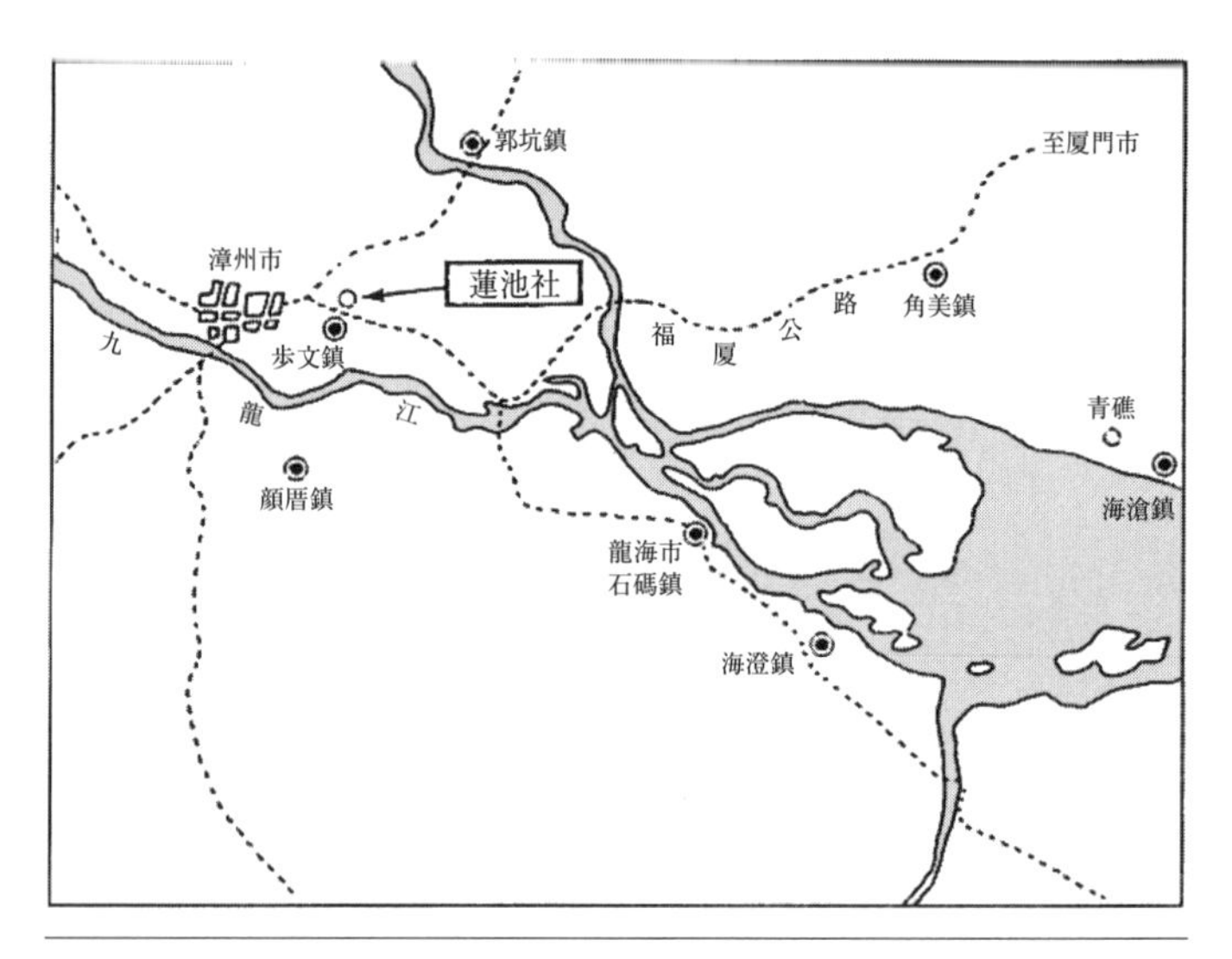


図4－1●歩文鎮蓮池社の位置

**図4－2**●蓮池社遠景。福厦公路から北向に撮影。蓮池の正面向こう側に見えるのが正一霊宮である。当時はまだ古い造りの平屋が多かったことがわかる。

あり、それぞれの「行政村」内には「社」と呼ばれる、同じく複数の「自然村」があった。筆者が訪れた蓮池社（図4-2）と玄壇宮社は、他の舗下社や下店尾社とともに歩文村（行政村）に、石倉社は石倉村（行政村）に所属する。これら諸社は「単姓村」（同族村落）というほぼ一つの姓をもつ人びとから構成されており、下店尾社が黄姓で占められるのを除けば、他の社はすべて林姓の村落であり、しかも林大章なる人物を共同の祖先とする系譜を共有するものとして認識されていた（後述）。

また、この地域は言語的には閩南語（びんなん）（福建省南部）方言区に属している。この調査には台湾出身の林淑美に同行してもらっており、閩南語でのインタビューは林にとってはほぼ問題がないうえ、むしろ蓮池社・玄壇宮社・石倉社の人びとにとっては、偶然に自分たちと同姓であったために、台湾から〝尋根（ルーツを辿る）〟に来たといって大いに歓迎された。

図4－3●林毅川氏（左から３人目）へのインタビュー。うしろには村の長老たちが座って耳を傾けている。

## 偶然の出会い

筆者らが蓮池社などの諸社を訪れたのは、それはまさに偶然の賜物であった。一九九六年四月三〇日の午前、長距離バスに乗って厦門を出発し、漳州市へと向かった。しばらくしてまもなく「そろそろ漳州市か」と思いながら、車窓の景色を眺めていると、バスと平行して疾走する何台もの小型トラックが目に入ってきた。そのうちの一台には「林」と大書された旗を手にした若い男たちが何人も乗っており、しかもそのうちの一台には神像らしきものが載せられている。そして歩文鎮にさしかかるや、激しい爆竹音とともに、トラックが街道を逸れて「社」の内部――そこが蓮池社と知ったのはのちのことである――へと走って行くのが見えた。筆者らはただちにバスの運転手と交渉して下車し、全力ダッシュでトラックのあとを追いかけた。このいわゆる「迎神賽会」の偶然の目撃こそが林姓の諸社との出会いとなった。

蓮池社の「迎神賽会」に遭遇した筆者らは、これをフィー

**図4－4**●漢装を着た林毅川氏。林氏宗親理事会などで着用する。美しい青色の服に黒色の帽子が特徴だ。

ルドワークの絶好の機会ととらえ、社のかたわらにある旅店に宿をかまえ、一週間ほど滞在して突発的なフィールドワークを敢行することにした。まず村民にお願いして当社の歴史に詳しいかたを紹介していただき、彼らの協力のもとで〝蓮池社の歴史〟の復原を試みた。それら協力者のうち、もっとも積極的に筆者らにご教示くださったのが林毅川氏という若者であった（図4－3）。一九六五年生まれの林毅川氏は父・樹茂氏（一九三〇年生まれ、当時六六歳、第二五世、小学卒、農業に従事）の息子で、当時三一歳、第二六世で、中学を卒業していた。蓮池社の歴史・伝承に造詣が深く、祭祀活動の運営にも関わっており、三一歳の若さで林氏祠堂（＝林氏宗祠。林氏の先祖を祀る祭祀施設）の理事を務めていた（図4－4）。

## 2　福建省歩文村蓮池社

### 地方志を見る

林毅川氏によれば、蓮池社など林姓の単姓村の諸社は、宋代の漳州府知府（府の行政長官）であった林大章を共同の祖先として祭祀することで心的な紐帯としていた。彼らの言葉では、そうした共同の祖先を「老祖」と呼び、開村した祖先をさす「開基祖」とは明確に区別していた。ただし、筆者らが歴史文献を調べたかぎり、林大章はたしかに実在の人物ではあったものの、漳州府知府（宋代には漳州知州事）ではなく、龍渓県知県（知県事）であった。明代の嘉靖『龍渓県志』巻五、官師、知県によれば、「戊辰嘉定元年（一二〇八）、林大章は大理〔寺〕評事となり、己巳〔嘉定二年〕まで任職した」とあり、また清代の同治『福建通志』巻九三、宋職官、知県事には、「林大章〈嘉興人、紹興元年（一一三一）の進士〉」（〈〉カッコ内は割註）とあった。

ここから第一に、林大章が南宋両浙西路の嘉興（現在の浙江省嘉興市）人であったこと、第二に、南宋の紹興元年に進士となったこと（紹興元年の進士で、嘉定元年に大理寺評事になったとすれば、進士合格後七七年目ということになり疑問が残る）、第三に、嘉定元年に大理寺評事として龍渓県知県に着任し、翌年まで務めたことなどが確認できる。大理寺評事の語については、蓮池社の祠堂に収められた

図４－５

図４－６

**図４－５**●林氏宗祠内におかれている林大章の牌位。他の位牌に比べてかなり大きい。

**図４－６**●林氏宗祠に掛けられた「紀念大理寺評事林大章」の横断幕。その両端には「林府」の字が入った提灯が下げられている。明代に「林府」で郷村裁判がおこなわれていたことを彷彿とさせるようで興味深い。

位牌や、祠堂の入り口に掛けられた「紀念大理寺評事林大章」という横断幕にも見られた（図4-5、図4-6）

## 族譜を見る

一方、のちほど紹介する石倉社の林永記氏が所蔵していた林氏族譜（林氏の家系図のようなもの）『象峰世次昭穆宗譜』を閲覧させていただいたところ、「宋朝の太章公は一世、字は煥文、行は第一八、ゆえに「十八府君」と名づけられ、鄢氏と結婚して一子をもうけた。公は南宋の高宗・孝宗のときに、官は通直郎・大理寺評事となり、嘉定元年に龍渓県知県に任じられた」と記されていた。したがって、林大章が大理寺評事として龍渓県知県となったことは間違いない。林大章と林姓諸社との関係は良好であったようで、彼の死後、嗣子がなかったことを哀れんだ林姓諸社は、彼を共同の祖先として祀ることにしたという。

## 林大章を中心とした兄弟関係

林大章の祭祀を媒介として結合する林姓諸社は兄弟関係になぞらえられ、一三個の「房」に分けられていた。それぞれの「房」と社との対応関係、調査当時の人口数、および各社の空間的な分布状況は以下のとおりである（表4-1、図4-7、図4-8）。林姓の一三房・一四社のうち、四房にあたる蓮

| 房 | 社　名 | 人口数 | 房 | 社　名 | 人口数 |
|---|---|---|---|---|---|
| 一房（大房） | 洞　口　社 | 500 | 八　　房 | 湖　苑　社 | 300 |
| 二　　房 | 龍　池　社 | 1,800 | 九　　房 | 龍　頭　社 | 1,300 |
| 三　　房 | 東　嶼　社 | 2,600 | 十　　房 | 烏　石　社 | 500 |
| 四　　房 | 蓮　池　社 | 700 | 十　一　房 | 科　卿　社 | 1,700 |
| 五　　房 | 埔　山　社 | 40 | 十　二　房 | 登　科　社 | 1,200 |
| 六　　房 | 景　山　社 | 1,200 | 十　三　房 | 抗仔頭社 | — |
| 七　　房 | 石　倉　社 | 4,000 | | 大路美社 | — |

**表4－1**●房と林姓14社との対応関係および調査当時の人口数。大路美社・坑仔頭社の人口数は不明。

**図4－7**

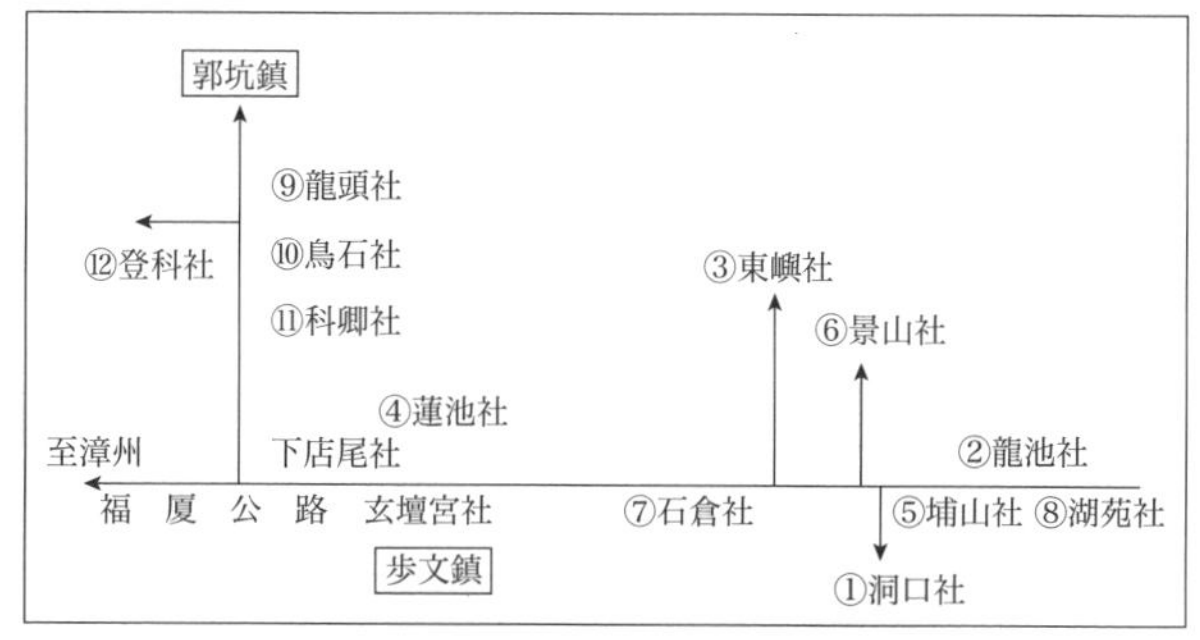


**図4－8**

**図4－7**●林姓諸社分布示意図。①～⑫は房に対応する。⑬大路美社・坑仔頭社は遠隔地のため省略した。
**図4－8**●林氏宗祠の内部。「林府」や「蓮池社」の文字が見える。14社すべての提灯が掛けられていた。

池社は人口約七〇〇人を有する中規模程度の村落であり、七房の石倉社は人口約四〇〇〇人を擁する林姓諸社のなかで、最大の村落であることがわかる。ただし、ここで注意すべきは、玄壇宮社の名が登場していないことである。なぜ玄壇宮社が一つの「房」として扱われないのか、インフォーマントから明確な回答は得られなかった。しかし、筆者らは、玄壇宮社が石倉社あるいは蓮池社の「角落」（後述。簡単にいえば、村落中の一区画ないし村落群中の一村落と定義づけられようか）と考えられていたため、石倉社か蓮池社のいずれかの一部と見なされていたのではないかと推測している。

このように、林姓諸社は南宋期の龍渓県知県である林大章を媒介として結合し、宗族活動を展開していた。しかし、中華人民共和国成立後は必ずしも順調にはおこなわれず、一九四九年に宗族活動は停止され、林大章の位牌も中国政府の手で焼却された。文化大革命時には、筆者が目撃した迎神賽会の主神＝趙府元帥（後述）の神像も「破四旧」の号令のもとで、紅衛兵によって破壊されたという。

林姓諸社が宗族活動をようやく再開したのは改革開放が進む一九九二年のことであった。その契機となったのが前年（九一年）の陳姓（林姓と同じ歩文鎮の鎮域内に居住する）の宗族活動の再開であったという。龍池社の林港河氏が発起人となり、林氏宗親理事会を結成、各社から責任者一、二名を選んだうえで、石倉社の林永記氏を総責任者として選出した。こうして再開された林姓の宗族活動は現在でも続けられ、毎年旧暦の冬至に各社輪番で林大章の祭祀を執り行っている。

## 鎮域内の林姓と陳姓

蓮池社をはじめとする林姓諸社の状況について、歴史文献とフィールドワークを用いながら概観してきたが、なぜ林姓諸社は林大章を媒介として結合しなければならなかったのだろうか、という素朴かつ重要な疑問が残されたままである。現在のところ、断言は留保せざるをえないが、もし推測が許されるとすれば、以下のようになろう。この問題を考えるにあたって注目すべきは、一九九二年に林姓諸社が宗族活動を再開した理由である。同じ歩文鎮の鎮域内に居住する陳姓が一足早く宗族活動を再開したこと、これに刺激を受けた林姓は陳姓に遅れてはなるまいとしてみずからも再開に踏み切ったことがあった。こうした事実は林姓がなぜ林大章を媒介として結合したかを考えるのに非常に示唆的である。なぜなら、かつて歩文鎮とその周辺において、林姓が実際にどのように空間的に分布していたのか、たとえば、ある一定地域内に集中的に分布していたのか、あるいは他姓の〝海〟のなかにあたかも孤島のように点在していたのかという問題のほか、一方で、有力な宗族を形成していたと想像される陳姓の宗族活動の再開の理由はどのようなものあったのか、林姓と陳姓とはいかなる関係にあったのかなど、多くの問題を提起するからである。

林姓は近隣の陳姓との対抗上、すなわち地域社会における多数派を形成するためにも（周知のとおり、福建省では林姓と陳姓が二大大姓であるから、宗族結合が有効な手段たりえたことは容易に推測できる）、合議のうえで林大章を選出し、高位の統合体を形成しようとしたという推測が可能となる。かつて上田信は、浙江省の諸暨盆地への移住を考察したなかで、事実を反映しているものか、あるいは虚構に依拠しているものかを問わず、離れたところに居住している複数の「地域リニージ」が、「認識された過去」のなかから適当な祖先を選出し、それを共通の祖先として祀るなどの方法で、高位リニージを形成し、現実に起きるさまざまな問題を解決したと指摘している。歩文鎮の林姓と陳姓も同様の事例と見なすことができるのかもしれない。

## 村落の歴史と文字資料

村落の歴史を歴史文献のみに求めることはきわめて困難である。それは蓮池社をはじめとする林姓諸社においても同様である。もう少し歴史文献を拾ってみると、嘉靖『龍渓県志』巻一、地理所載の「甲社」には、当時の「都」という行政区画と、自然村「社」との関わりが記されているが、そこに見出せる林姓諸社らしき社名は、わずかに「二十一都、林前社、蓮池社」「二十二都、登科社」の三つの社にすぎない。二一都の蓮池社は本書で扱う蓮池社のことで間違いなかろう。一方、林前社はその社名に「林」の文字が入っており、登科社は〝科挙合格者を出した村〟の意であろうから、林大章との関係が推測される。

他の文字資料としては、蓮池社の祠堂である林氏宗祠に「正徳己巳年（四年、一五〇九）仲冬文魁（挙人）林立」および「嘉慶丁丑年（二二年、一八一七）霞月進士、太子太保・翰林院大学士、林時行

**図4－9**●蓮池社の伽藍大王宮内に保存された獅子像。高さは30 cmほどあり、かなり大きく重たい。

立」の二つの匾額が掲げられていて、明代に文魁（挙人）の林某、清代に進士の林時行（第三甲、第一一六名）がそれぞれ蓮池社から出たことがわかる。

## 語りのなかの蓮池社の移住伝承

林毅川氏へのインタビューによれば、蓮池社の歴史、すなわち移住伝承は以下のとおりであった。もともと林姓の母村は、そこからずっと離れた華北の河南にあった。その後、現在の福州市をへて、龍海市石碼鎮文山にある泉山・埔辺二村へと移住した。これら二村から一三人の兄弟が出て（一三人の兄弟とは前述の一三個の「房」に対応したものであろう）、うち一人が蓮池社を開いた。兄弟一三人は兄弟の証として父親から獅子の石像を授けられた、と。ちなみに、この獅子像は現在でも蓮池社・景山社に残されており（図4－9）、二つの社では毎月朔望——初一日と一五日——に石像を出して朝拝している。

さらに次のような移住伝承も林毅川氏らインフォーマントの語るところであった。宋代の蓮池社は蓮峰社と呼ばれ、現在の所在地とは異なり、福廈公路（福州と廈門をつなぐ道路）の南側、すなわち現在の玄壇宮社付近にあった。ところが、清代道光年間頃、地方官の死にともなって、その墳墓が該社に設けられたため、風水が破壊されてしまった（このような逸話は当時の地方官との関係が良くなかったことを暗示するのではないだろうか）。これを契機として蓮峰社は現在の位置に遷社した。そこには七つの蓮池があったので、社名を蓮池社と改名した。蓮池社の廟である正一霊宮は、正徳庚午年（五年、一五一〇）に蓮峰社に建設されたが、遷社後はそのまま玄壇宮社に残され、別に正一霊宮が新建された（時期は不明）。

## 他の諸社の移住伝承

さらに蓮池社以外の諸社についても、インフォーマントは興味深い移住伝承を語ってくれた。清初、蓮峰社には林越（兄）・林玉震（弟）の兄弟があった。林越は蓮峰社から華安県の高安鎮大路美に移って、大路美社の「開基祖」となった。林越は蓮峰社を離れるとき、陳元光（開漳聖王。唐代に福建省漳州付近を開拓したことで有名な実在の将軍）の部下の一人である輔順将軍の神像をもっていき、みずから建てた祠堂（縄遠堂）に祀った。しかし残念ながら、それは清末の洪水で失われたので、現在は紅紙に神像を描くことで代替している。
林玉震は高安鎮坑仔頭へ行って黄姓に入婿（以後、林黄玉震と名乗る）し、坑仔頭の「開基祖」となった。そこに林氏祠堂（観音庁と呼ぶ）を建て、蓮峰社を離れるさいにもっていった観音菩薩像を祀った。林玉震とその夫人（黄氏）の位牌は黄氏祠堂（振風楼）ではなく、林氏祠堂に納められたという。

## 蓮池社と石倉社・玄壇宮社の関係にかかわる移住伝承

蓮池社と石倉社・玄壇宮社の関係についても次のような伝承がある。蓮峰社の「開基祖」から九代目の林嘉成は「二房太太」、すなわち「妾」（閨房の伴侶として娶られ、日常生活のうえでは家族の一員たる地位を認められながら、宗という理念的な秩序のうちには地位を与えられていない女性）の子供であったため、現在の石倉社へと移住した。彼こそが石倉社の「開基祖」である。その後、さらに嘉成から三代目の末裔が石倉社下間角（後述）より出て、現在の玄壇宮社に移住した。現在の玄壇宮社の正一霊宮は彼らの子孫が管理している。

このように筆者がインタビューした林姓の移住に関わる伝承は、決して網羅的に彼らの歴史を描きうるものではない。全体像を描き出そうとすれば、さらなる補充のインタビューが必要となろう。しかし、そうした限界を踏まえたとしても、地理学者の小島泰雄の、語られた宗族レベルの移住に二つの空間性が観察されるという指摘をここにも確認することができる。つまり河南から福建へという福

図4－10●珠璣巷の南門楼（筆者撮影）。「珠璣古巷」の文字が見える。珠璣巷移民伝説とは、広東人の祖先が南宋末に南雄の珠璣巷から移動してきたというもの。ちなみに河南固始県移民伝説とは、福建人が五代のとき、王潮兄弟に率いられ福建を平定し、閩国を建設した河南固始人の子孫であるというもの、洪洞移民伝説とは、河西、河北、川南、山東、安徽、徐州など各地に広まる、先祖が山西省洪洞県の大槐樹下より移住してきたというものである。

建省の各地に広く見いだせる移住伝承（河南固始県移民伝説）と、具体的な移住目的と移住者名を含んだ、小地域内の二次的分散としての移住伝承とである。前者は華北の洪洞移民伝説や広東の珠璣巷移民伝説（図4－10）と同じく、広域に跨がる神話的な世界を、後者は身近な空間的世界を語っている。

## 移住の二次的分散に見える二つの特徴

このように移住伝承はその空間性を基準として二つの類型に分類しうるのであるが、筆者がインタビューするなかで判明した、小地域内の二次的分散としての移住伝承の内容には、二つの典型的なパターンを読み取ることができるように思われる。

第一に、「開基祖」となった人物の移住理由が、それまでの〝不遇な〟状況の打開にあった点である。たとえば、石倉社の「開基祖」となった林嘉成は、母親が「妾」であったために移住している。また、坑仔頭社の「開基祖」である林玉震は黄姓の入婿となっているが、彼が当時の観念からすればあまり好まれない入婿となったのは、それ以前の〝不遇な〟状況を打開するためのやむをえない選択であったことを暗示する。こうしたいわゆる「建村」伝承における「開基祖」の移住理由が一般にどのように語られるかは、村落・宗族・移民を研究するにあたって、重要な課題の一つと見なされよう。

第二に、「開基祖」の移住が神々の系譜と関連づけられて述べられている点である。たとえば、大路美社の「開基祖」であった林越は蓮峰社を離れるさい、開漳聖王の部下の一人である輔順将軍の神像をもっていき、祠堂（縄遠堂）に祀った。開漳聖王とは、威恵聖王・聖王公・威烈侯・陳聖公・陳将軍などとも呼ばれる唐代の陳元光のことである（図4-11）。彼は五代十国時代の閩国の太祖王審知の武将の一人で、龍渓をはじめとして長泰・南靖・海澄など七県の開拓に尽力して、龍渓に漳州府の府治をおくことに成功し、その知事に任命された人物である。また、坑仔頭社の「開基祖」である林玉震は、観音菩薩を携えていき、みずから建設した林氏祠堂（観音庁）に祀ったという。

このように大路美社・坑仔頭社の「開基祖」となった林越・林玉震兄弟の移住伝承には、母村たる蓮池社で信仰されていた神々の神像をもち出し、移住先の祠堂で祀ったという内容が含まれている。これらは大路美社・坑仔頭社が蓮池社の分枝であることを神々の系譜関係、すなわち信仰の側面から

図4-11●台湾基隆にある開漳聖王廟になかの神像（2018年8月18日、筆者撮影）。中央が開漳聖王。福建省からの移民によって台湾にもたらされ、台湾各地に広く確認できる。

補強しようとするものである。大路美社・坑仔頭社の人びとは祠堂で神々を拝むたびにその由来に思いをめぐらしたであろう。自分たちがどこからやって来たのか、つまり蓮池社の分枝であることを記憶化する装置として、神々の系譜関係が移住伝承のなかに組み込まれた可能性を推測できる。そうであるとすれば、これがはたして林姓諸社のみならず、福建省など移住から日の浅い華南地域に特徴的な現象であるのか、さらには華中地域にまでも適用しうるのか、実証は今後の課題である。

## 3 迎神賽会

### 趙府元帥

次に蓮池社でおこなわれる祭祀活動、すなわち迎神賽会について参与観察から描き出してみたい。一九九六年四月三〇日、筆者が偶然に目撃し、参与観察した迎神賽会で、蓮池社の人びとに盛大に迎えられていたのは趙府元帥という神であった。趙府元帥とは、終南山の人、姓は趙、諱は公明といい、秦の時世を避けて山中で修行したという。現在は財神爺として信仰されている。このときの迎神賽会の意味について、蓮池社の林樹茂・林毅川両氏にインタビューしたところ、次のように語ってくれた。趙府元帥は保生大帝の三六人の部下のうちの一人である。保生大帝が厦門市海滄青礁社の慈済祖宮にあって、部下の諸神に集合するように命じたため、普段は蓮池社の正一霊宮にある趙府元帥の神像が担ぎ出され、一定の期間、慈済祖宮にあずけられることになった。保生大帝から霊力を授けられたのち、蓮池社にもどる途上、君たち（筆者ら）と遭遇したのだとのことであった。保生大帝とは呉真人・大道公・呉公真仙・真人仙師・花橋公とも呼ばれる古代福建の医神である。姓は呉、名は夲（トウないしホンと音読する。本とは別字）という。生前は北宋時代の閩南地区の医術高明・医徳高尚な医者であった。保生大帝信仰の発展にともなって、従神の数が増加したとされるが、趙府元帥もそのなかの一つなのかもしれない。

## 午前のプログラム

ここで一九九六年四月三〇日に筆者が偶然に参与した迎神賽会のプログラムについて簡単に紹介しておこう。午前中に複数の若者が何台かの小型トラックに分乗し、厦門市の青礁社慈済祖宮に赴いて、

図4-12
Ⓐ

図4-13
Ⓑ

図4-12●趙府元帥（趙公明）の神像とそれをかつぐ蓮池社の若者（図4-14Ⓐの位置）。小型トラックから降ろされ、今まさに村頭から蓮池社へとかつがれていくところ。趙府元帥は黒い顔が特徴的である。
図4-13●趙府元帥を迎える蓮池社の人びと（図4-14Ⓑの位置）。爆竹を激しく鳴らして迎えている。村頭から蓮池社内部を撮影。

あずけてあった趙府元帥（趙公明）の神像を受け取り、蓮池社へと帰った。蓮池社に到着すると、村民は爆竹・鉄砲を鳴らして趙府元帥の神像を村頭から迎え入れ（筆者が出会ったのはこの場面）、林氏祠堂を通過して正一霊宮の前に安置した（図4-12、図4-13、図4-14）。正一霊宮の前で多くの村民が待ち受けるなか、少女たちによる、神を迎える踊りが

図4-14

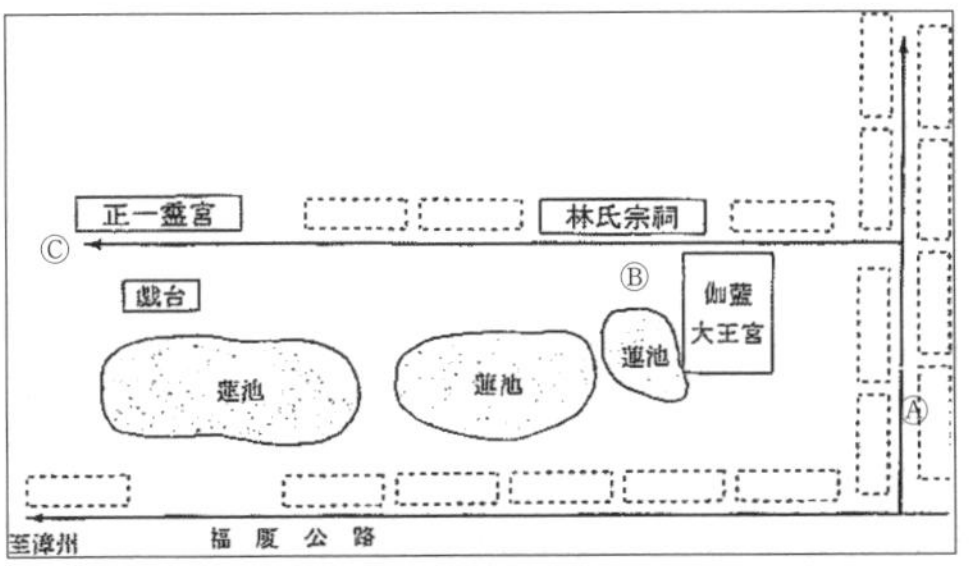


図4-15

図4-14●歩文鎮歩文村蓮池社示意図

図4-15●神を迎える踊りのために招かれた少女たち。小学生くらいの少女8人で踊る。周辺の村々で踊っているらしく、堂々と立派に踊っているのが印象的であった。うしろの男性2人が監督・指導していた。

披露された。インタビューによれば、彼女らは村民ではなく、一種のプロとして雇われてきて踊っているのだという(図4-15)。ひととおり踊り終えたところで、いったん昼食の休憩に入った。そして午後の活動に向けて、正一霊宮の前には、趙府元帥のほか、三官(天官・地官・水官)や虎爺など、さまざまな神々の神像が準備された(図4-16、口絵3、図4-17、図4-18、図4-19)。

図 4 -16 Ⓒ

図 4 -17

図 4 -18

図 4 -19

図 4 -16●正一霊宮(正面から撮影)。場所については図 4 -14 Ⓒの位置を参照。
図 4 -17●趙府元帥（趙公明)。本廟の主神である。
図 4 -18●三官。天官・地官・水官の三つの神々をさす。
図 4 -19●虎爺。二体ほど担ぎ出された。おもに若者が担ぎ、まさに"虎"のように勢いよく村内を走り回った。

**図 4-20**●正一霊宮の前で踊る少女たち。蓮池社の子供たちも遠巻きに見ている。彼らにも旗をもつ義務があるが、爆竹音がうるさいので、たまらず耳を塞いでいる。

## 午後のプログラム

午後の活動は再び少女たちの踊りから開始された（図4-19）。踊りが終わると、爆竹の合図とともに、村民は神々の像を担ぎ、「林」と大書した旗幟を先頭に村内を練り歩いていった（図4-21、図4-22）。このとき、大人から子供まで、彼らの役割分担は明確に定められており、すでに数日前から蓮池社内の伽藍大王宮の側壁に貼り付けられていた（図4-23）。村民が神像を担いで練り歩くのは、彼らがみずからの〝村の領域〟と認識している範囲内に限られ、その範囲内の各家一軒一軒をめぐっていった。〝村の領域〟については曖昧な部分もあり、実際に、ある空き地まで来たところで、どこまでが〝領域〟かで口論となり、しばらく神像をおいたまま、進まなくなったこともあった。各家では香を焚き、紙銭を燃やして神々を迎えた（図4-24）。すべての家を回り終えると解散した。

二日後の五月二二日、正一霊宮の前の少女たちが踊った場

図 4 -21

図 4 -22

図 4 -23

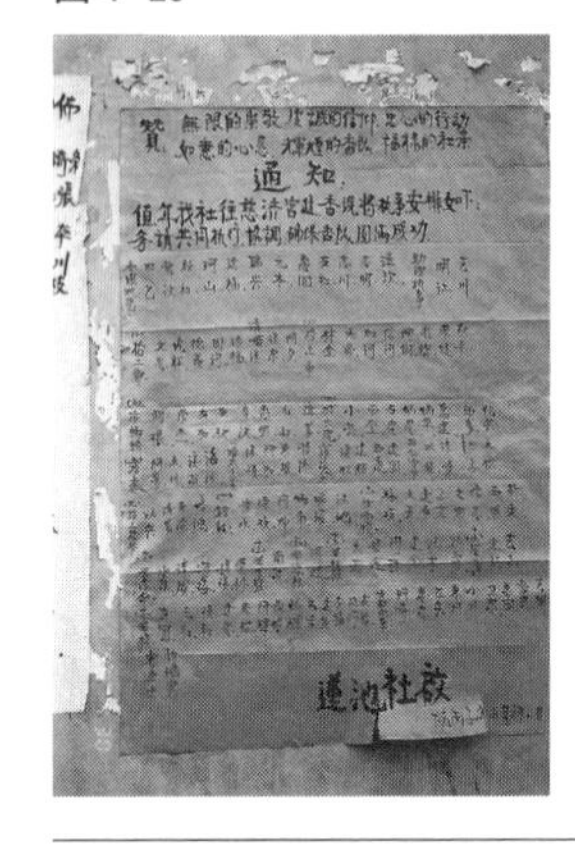
通知

蓮池社啟

図 4 -24

図 4 -21●「蓮池社　林」と大書された旗をもつ若者。この旗を先頭に神像をかついで練り歩く。

図 4 -22●趙府元帥をかついで練り歩く蓮池社の人びと。この神を担げるのは村の長老か幹部のみであった。

図 4 -23●伽藍大王宮の壁に貼られた通知。迎神賽会のときの役割が記されている。「抬二帝」「抬三帝」「抬輌轎」などの文字が見える。

図 4 -24●庭先で紙銭を燃やして神を迎える女性。左側の卓上には供物・線香・保生大帝の黄旗が見える。

図4-25

図4-26

図4-25●芳華薌劇団による芝居（1）。いずれも「紅棕烈馬」を演じているところ。非常に多くの村民が見に来ている。
図4-26●芳華薌劇団による芝居（2）

所に、臨時的な戯台（簡易な演劇用の舞台）が建てられた。神々に演劇を奉納するためである。翌五月三日の晩、劇団員が正一霊宮に参拝し、演劇を奉納することを告げて、芝居が開始された。このとき招かれたのは漳州市の芳華薌劇団で、演目は「紅棕烈馬」「海瑞罷官」などであった。村民にとってこうした村芝居は数少ない娯楽の一つであったから、老弱男女を問わず、みな各家からいすをもち出してきて、夢中で観劇していた（図4-25、図4-26）。この芝居は三日間にわたって続けられた。

## 4　迎神賽会と村の領域

### 〝村の領域〟の可視化

筆者にとって迎神賽会という宗族活動を直接目撃できたことは、さまざまな意味で有意義なことであった。とりわけ、彼らがみずからの〝村の領域〟と「本村人」と認める人びとの家屋を意識しつつ、神像を担いで練り歩いたことは印象に強く残った。ここにいう〝村の領域〟はいつごろ、どのように設定されたものか、残念ながら、インタビューでも歴史文献でも明確な回答を見つけ出すにはいたらなかったが、少なくとも迎神賽会という宗族活動の一つが蓮池社の人びとの同族意識をかきたて、族内結合を強める作用を果たしたことは間違いない。その典型的な事例の一つが、「林」と大書した旗幟を先頭に掲げて練り歩くという行為といってよい。

### 「本村人」と「外村人」

「本村人」と対にして用いられる「外村人」という言葉についても付言しておくと、蓮池社にも

**図4-27**●インタビューを受ける呉龍漢氏（1996年4月30日、筆者撮影）。筆者が目撃した迎神賽会でも精力的に参加する氏の姿が印象的だった。

「外村人」が住んでいた。インタビューによれば、彼らは四川や江西などの省から移住（出稼ぎ）してきた者で、昼間はおもに土木建設に関わる仕事に従事しており、夜間になると帰宅する。村民の古い家屋を借りて居住していたが、普段、村民とのあいだに交流はなく、迎神賽会などの林姓の宗族活動にも参加しない。ただし、インタビューを進めていくなかで、唯一林姓ではないものの、積極的に迎神賽会などに参加する男性と知り合うことができた。その人物は呉龍漢氏（図4-27）で、福建省雲霄県出身、継母に虐められ、一四、五歳の頃に蓮池社に来て大工見習いになった。大工の師匠の娘と結婚し、入婿となった。いまでは村民たちから「外村人」ではなく「本村人」と認められ、本人もそのように自覚して林姓の宗族活動に積極的に参加しているとのことであった。特殊な事例ではあろうが、「外村人」が「本村人」へと転化していく場合があったことを確認できた。

このように宗族を単位としておこなわれる迎神賽会などの

活動は、決して対内的な作用だけではなく、周辺の他姓など対外的にも一定の意味をもつものであった。筆者が迎神賽会を偶日し、それから一週間ほど蓮池社近くの旅館に逗留していたとき、そこの主人が偶然にも陳姓のかたであった。彼らと何気なく会話していると、「君はなぜここに来たのか」とたずねられた。筆者らが蓮池社の林姓の迎神賽会を取材している旨を伝えると、彼らはすぐさま蓮池社の林姓がそうした宗族活動をおこなっていることを認めたのち、自分たち陳姓もつい先日このような活動をおこなったのだ、と自慢そうに、かつ林姓に対抗心すら見せるかのように話しはじめたのを印象深く覚えている。迎神賽会をはじめとする宗族活動が、対内的には族内結合を強化する一方で、対外的にはみずからの宗族の力を他姓に誇示する、そうした役割を担う装置として機能していることを、肌身をもって感ずることができたのであった。

# 第5章……村のなかの「村」の名残——村の歴史をたどる

## 1　石倉村石倉社に林永記氏をたずねて

偶然に実施できた第一回歩文鎮調査から約八ヶ月後の一九九六年一二月二二日、筆者らは蓮池社の林毅川氏を再訪し、氏の紹介によってはじめて石倉社を訪ね、林永記氏に会うことができた。林永記氏は当時、林氏宗親理事会の総責任者の地位にあった人物である。筆者は同月二六日までの五日間、林永記氏を訪ねて、石倉社の歴史と現状についてインタビューを実施した。

本章では、林永記氏へのインタビューのなかから、石倉社の歴史とその「角落」について紹介することにしたい。それにさきだって、ここではまず石倉社の現況とインフォーマントの履歴について簡単に説明しておこう。すでに述べたように、自然村としての石倉社は、当時、約四〇〇〇人の人口を抱え、石倉社一村で一行政村となっていた。林姓一四社のうち、「七房」にあたる石倉社は、最大規

**図5－1**●石倉社の林永記氏（右）と妻の厳敏氏

模の村落であった。地理的には、さきに紹介した蓮池社に近接しており、漳福公路沿いに東へ徒歩数十分で行ける距離にあった。

筆者がインタビューをおこなったのは、林永記氏とその妻・厳敏氏である。林永記氏は一九一八年生まれ、当時七八歳、第二五世にあたる（図5－1）。歩文華僑中学を二年で卒業し、農業に従事したが、国民党支配下においては「保長」となった経験がある。中華人民共和国成立時には「貧農」に認定された。厳敏氏は一九一九年生まれ、当時七七歳、歩文鎮の東洋社の出身であった。

このように林・厳両氏は長いあいだ、石倉社の歴史を歩んできた人たちであり、とくに林永記氏は「保長」の経験があり、林氏宗親理事会の総責任者であることからもわかるように、石倉社をはじめとする林姓諸社の代表者と呼んでまったく差し支えのない人物であった。また事前に蓮池社の林毅川氏の紹介もあったことから、非常に丁寧にかつ熱心に石倉社の歴史と現状について語ってくれた。それでは、われわれも林永記氏とともに石倉社の歴史を歩んでみることにしよう。

## 2　社と角落

### 「角落」とは何か?

前章で述べたように、石倉社の「開基祖」は蓮池社から出た林嘉成なる人物であった。石倉という社名は、移住時に石で倉庫を建設したことに由来する(後述)。嘉成は蓮池社の「開基祖」から九代目にあたるが、母親が二房太太(妾)であったため、そうした〝不遇な〟境遇を打開しようと現在の石倉社に移住したとされている。そのため、石倉社にはみずからが蓮池社の「角落」であるという観念が存在するという。

では、この角落とはいったい何であろうか。辞書レベルでは〝片隅〟とか〝すみっこ〟程度の意味でしかない。筆者も当初はあまり気にとめていなかったが、林毅川氏らがしばしば角落という語を口にするのを聞いているうちに、どうもそれ以上の意味があるらしいことに気づいてきた(林毅川氏らにとっては日常のあえて説明するまでもないことなので、それを強調することはない)。そこで石倉社の林永記氏にインタビューするさいには、この角落とは何をさすのか、直接にたずねてみようと考え、実際に疑問をぶつけてみた。すると、林永記氏は、石倉社が蓮池社の角落であることを即座に認めたうえで、筆者の理解を容易にするために、別の事例を語ってくれた。つまり現在の石倉社という一つの

図5-2

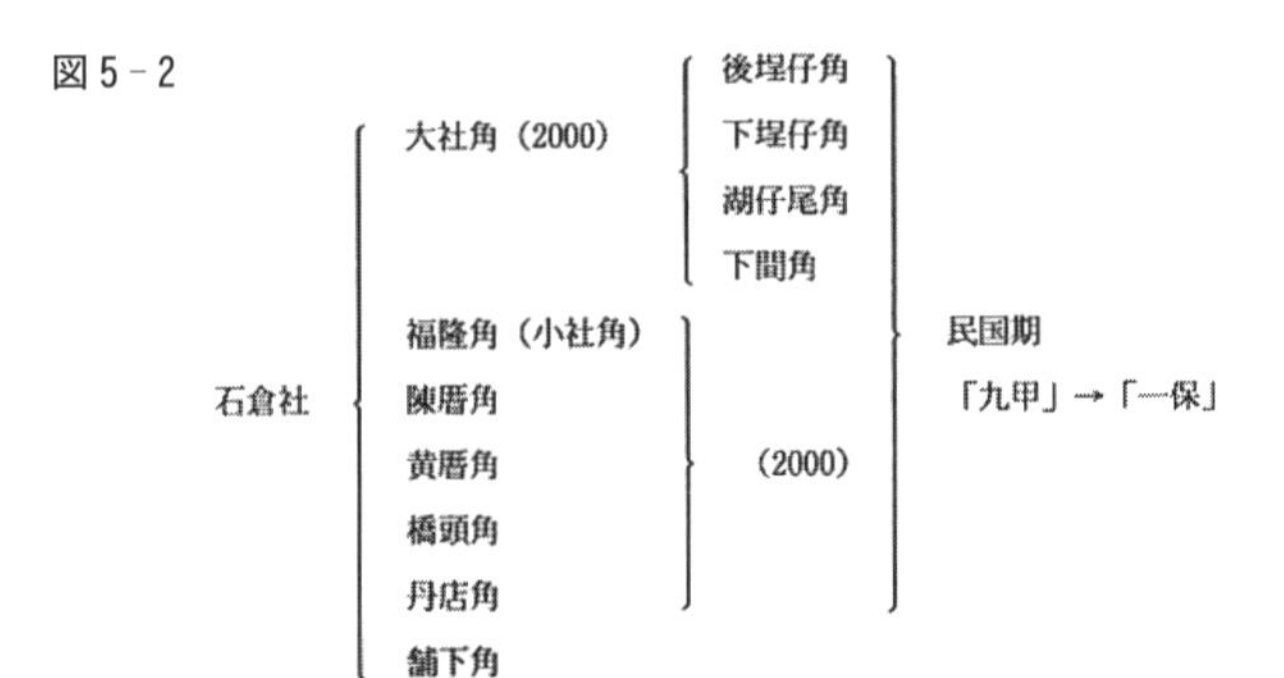


図5-3

図5-2●石倉社と角落
図5-3●永興堂（正面から撮影）

自然村の内部にもまた角落があるというのである。

## 石倉社内部の角落

林永記氏へのインタビューから得られた石倉社と各角落の関係を整理すると、以下のとおりとなる（図5-2）。林永記氏の説明によれば、石倉社の角落としては、大社角・福隆角（小社角）・陳厝角・黄厝角・橋頭角・丹店角・舗下角の合計七つがあった。ただし当時、行政上では舗下角のみが石倉村ではなく、蓮池社・玄壇宮社・下店尾社とともに歩文村に所属していた。

ここに見える「〇〇角」とはすなわち角落をさしており、また自然村を意味する「社」と置換可能な場合があることについては後述する（舗下角は舗下社ともいう）。

これら諸角落が石倉社の内部構造を考えるにあたって、きわめて有効な手がかりとなることは、石倉社のさまざまな場所で確認できる。たとえば、石倉庵とも呼ばれ、趙府元帥や保生大帝など多数の神霊が祀られている永興堂（図5-3）に立てられた碑文「重建永興堂碑記」には、一九八五年に実施された該堂修築の総支出・総収入が記されている。特に総収入については「各角頭（角落）の人びとによる寄付金は以下のとおりである。舗下社は五五五七元、黄厝角は三八一五元、福隆角は三三四〇元、橋頭角は一八三〇元、大社角は三万三〇二五元、丹店角は二四八〇元、陳厝角は三五九〇元である」と、七つの角落ごとに集計され、さらに角落内の個人の姓名・寄付金額を示すほか、華僑や漳州、外界信士女といった外部者をさすカテゴリーも見えている。なお、これらのうち、大社角の寄付金額が他の角落に比較して圧倒的に多いことにも注目しておきたい。

また、永興堂内部の壁に貼り付けてあった、一九九五年の日付が入った「永興堂石彫三宝仏像捐資名単公佈」にも「三宝仏像」を石彫するために寄付金を供出した人物の姓名・金額が、やはり七つの角落に分けて整理・集計されていた。これら七つの角落以外にも、蓮池社・圳頭社・東嶼社・下橋社（霞橋社）・埔口社など、金額は少ないものの、周辺の複数の社からの寄付金もあげられていた。永興堂をめぐる祭祀活動は七つの角落の住民を中心に、周辺都市や諸社の信仰者によって支えられていた

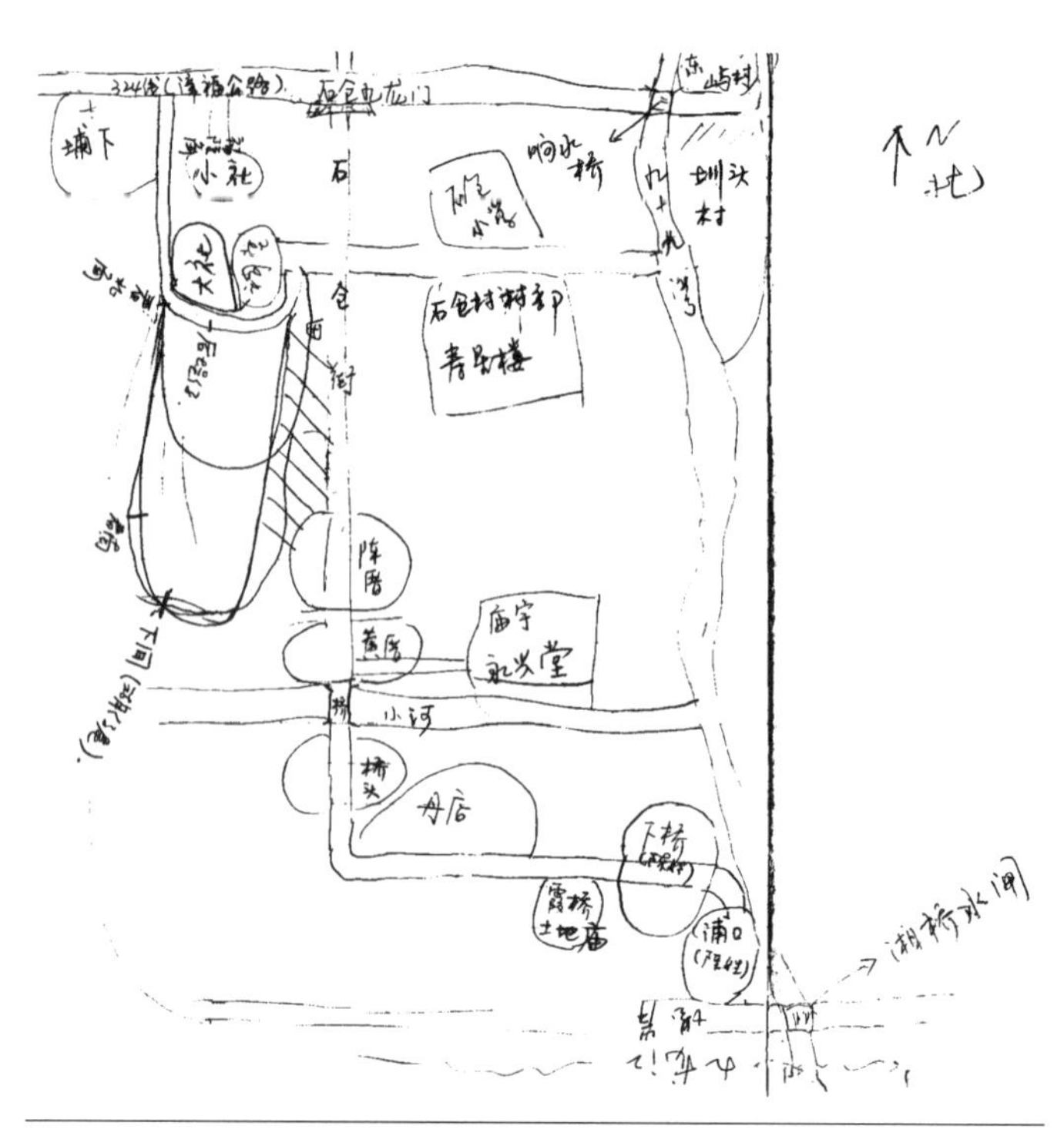


**図 5－4**●石倉社角落の地理的分布（林永記氏自画）

**図5－5**●石倉九龍門（村頭から内部を撮影）

のである。

これら諸角落の地理的な分布状況を確認しておこう（図5－4）。石倉社は漳福公路に面した北側を村頭（村の入り口）とし、村頭から内部に向けて南北に石倉街ないし石倉竹器街と呼ばれる街路が走っている（図5－5）。村頭の石倉九龍門から入ってすぐ右手が福隆角（小社角）と舗下角、次いで大社角、さらに南へ行くと街路に跨がるようにして陳厝角・黄厝角・橋頭角・丹店角の順に空間的に配置されていた。

## 各角落の空間的な境界

これらの角落の境界は、はじめて石倉社を訪れたわれわれ外部の者にはまったくわからず、石倉社はあくまでも一つの村落のようにしか見えないが、林永記氏にははっきりと認識されており、「ここまでが大社角、ここからさきが陳厝角だ」などときわめて明晰に語ってくれた。たしかに、そう言われてみると、各家屋群は角落ごとにまとまって建てられているようであり、逆に各角落

図5－6●黄厝角と橋頭角の境界。小河を渡れば橋頭角へと通ずる。

間はわずかながら距離が開いていた。そしてこれら角落間の境界は決して観念的で曖昧なものではなく、小河や小池、わずかな空き地などによって明確に可視化されていた（図5－6）。なお、角落という場合、さしあたり家屋群の語を用いるが、その性格をどのように定義づけるのか、たとえば、人家の集合である「居住区画」なのか、あるいは「集落」といえるのか、のちに検討することにしたい。ここにいう「集落」とは、たんなる人家の集合ではなく、近接する人家のあいだに地縁的社会結合が認められるもののうち最小単位をさすものとする。

## 大社角内部の角落

これまで述べてきた石倉社の七つの角落のうち、最大の人口を誇っていたのは大社角であり、石倉社の総人口数の約半分、二〇〇〇人ほどを擁していた。そしてこの大社角の内部にはさらに四つの角落があった。すなわち、後埕仔角・下埕仔角・湖仔尾角・下間角である。「開基祖」の林嘉成から三代目の末裔が下間角か

図5－7●石倉社の林氏宗祠（正面から撮影）

ら出て、現在の玄壇宮社へと再移住したことはすでに述べたとおりであるが、残念ながら、再移住の理由は不明である。

これら大社角内部の四つの角落は、しばしば大社角に代わって石倉社の他の角落と並列して記される場合が見られた。たとえば、石倉社の林氏宗祠（図5-7）に残され、宗祠修築のさいに作成されたと考えられる「重修石倉大宗碑記」（一九八八年）の寄付金の収入部分には、舗下社（角）・福隆角（小社角）・看北角・門前角・湖仔尾角・下間角・陳厝角、黄厝角・橋頭角・丹店角の一〇に分けて、整理・計上されている。ほかに玄壇宮社の名も見えるが、これは石倉社と玄壇宮社との関係（移住・再移住）を反映したものかもしれない。なお、ここに見える看北角・門前角は後埕仔角・下埕仔角のいずれかの別称であると推測される（図5-4に看北角も記載されている）。林永記氏によれば、舗下角を除く計九つの角落は、民国期に「保甲」を編成するさい、それぞれが「一甲」と見なされ、全「九甲」で「一保」に編まれたという。

また「石倉大社造路捐金碑記」（一九九五年）のなかにも、小社角（福隆角）のほか、大社角にあたる看北角・門前角・湖仔尾角・下間角の四つの角落の名が見える。逆にいえば、この「碑記」には、小社角（福隆角）を除くと、これら四つの角落しか見えない。これは石倉社の造路（道路の造成）に小社角と大社角（＝看北角・門前角・湖仔尾角・下間角の四つの角落）が大きな役割を担っていたことを示すのであろう。

## 石倉社を開拓した人はだれか？

一方、この大社角および行政上では歩文村に属する舗下社を除いた、福隆角（小社角）・陳厝角、黄厝角・橋頭角・丹店角の五つの角落によって、石倉社の総人口数の残りの半分である二〇〇〇人ほどが占められていた。前述のとおり、福隆角（小社角）が「開基祖」の林嘉成の居住地であったが、では、この福隆角が石倉社建村の歴史上、最も古い家屋群であるかといえば、どうもそうではないらしい。林永記氏によれば、移住・建村に関して、以下のような伝承が残されているという。林嘉成が蓮池社から移住してくる以前、石倉社の付近には、すでに陳・黄・胡・顔・楊などの諸姓が家屋を建てて居住していた。彼らに遅れて移住してきた林姓が、その後、次第に発展し、人口数が増加すると、これら諸姓は石倉社の外部に移住するか、あるいは林姓に改姓した。ゆえに現在は、丹店角に林姓のほか、わずかに顔姓が居住するのを除けば、すべて林姓になった、と。

インフォーマントの語りから歴史的にさかのぼりうるかぎり、石倉社の地は林姓が開拓したわけではなく、少なくとも陳・黄・胡・顔・楊などの諸姓が先住者として開発を進めてきたのであり、そこに家屋を建てて居住してきたのであった。しかしその後、後来者として林姓が移住してくると、陳などの諸姓は次第に林姓の勢力に圧倒されるようになり、林姓に家屋を売って別の地に移住するか、林姓に改姓するかという選択肢を迫られたのではないかと考えられる。後者の場合、姻戚関係を取り結んだり、生存のために戦略的に自主的な改姓をおこなったりしたのであろう。その結果、石倉社は丹店角の顔姓を除いてすべて林姓になったのであった。

## 建村伝承と角落

このようにインタビューによりながら復原した石倉社建村の歴史から、もう一度、現在の石倉社とその角落との関係を整理してみよう。林永記氏は、石倉社の「開基祖」である林嘉成が移住してくる以前から、陳・黄・胡・顔・楊などの諸姓が当地に居住し、それぞれ近接して家屋を築いていたと語っている。こうした伝承内容と現在の石倉社内部に見える角落の名称とを考えあわせるとき、両者のあいだには明確な連関関係があることは間違いない。

とくに注目したいのは、陳厝角・黄厝角・丹店角・舗下角の四つの角落である。これらの角落はその名称とインタビューの結果からして、かつてそれぞれが陳姓・黄姓・顔姓・楊姓の家屋群であったのではないかと推測できる。ただし、林姓移住以前のこれらの家屋群をはたして「集落」と呼びうるか否かは、今後検討の必要があろう。

たとえば、陳厝角と黄厝角の場合、「厝（cuo）」という語は福建省南部の言葉（閩南語）の「cu」すなわち「房子（家屋）」に漢字をひきあてたものであるから、おのおの陳姓・黄姓の「房子（家屋）」という意味になる。丹店角には現在でも顔姓が居住していることは前述のとおりである。また林永記氏は、丹店角の顔姓はみずからの家屋群が「石倉小社（前出の小社角＝福隆角の意味ではない）」と呼ばれることに反対している、なぜなら「石倉小社」とは〝石倉社の角落〟の意であり、そうした呼び方は林姓との関わりを一方的に強調するものであるからだ、とも述べている。さらに舗下角もかつては楊姓の家屋群であったが、次第に林姓が入り、現在では完全に林姓所有の家屋群であるという。

これら陳厝角・黄厝角・丹店角・舗下角の四つの角落の事例からわかることは、たとえ現在の石倉社が一自然村であろうとも、じつはその内部に由来も経歴も異なる、いくつかの家屋群が内包されているという事実である。現在では先住の諸姓が転出・改姓し、そのほとんどが林姓の所有であったとしても、かつてはたしかに異姓の人びとが林姓とは別に家屋群を形成していた。その残滓が現在でも角落の名称に垣間見られる、そのように考えられるのではないだろうか。そうであるとすれば、さしあたり、現在の石倉社における角落とは、一集落（自然村）内部の居住区画、ないしは高次的な社会集団（自然村）を形成する複数「集落」群中の一「集落」といいうると思われる。

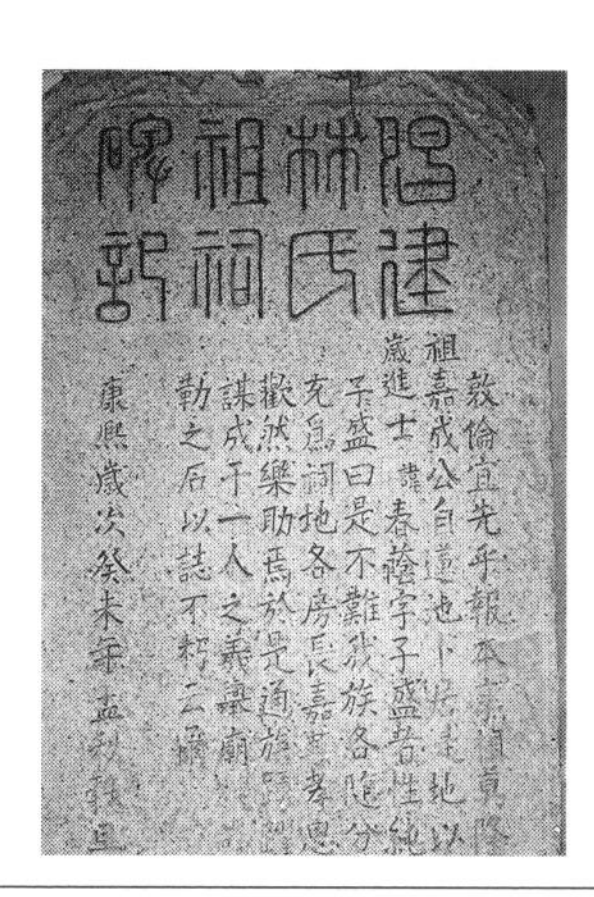

図5－8●「倡建林氏祖祠碑記」（上部）（筆者撮影）

## 角落内部の角落（一）――林氏宗祠内部の碑文から

このように石倉社内部の七つの角落については、先住の異姓が深く関わっていると考えられるが、大社角内部の四つの角落についてはどうであろうか。これらにも他姓との関わりを想定してよいのであろうか。しかしながら、四つの角落の由来をたどるのはきわめて大きな困難を伴う。そこで石倉社に残された碑文＝文字資料のなかに手がかりをさぐってみることにしよう。

たとえば、石倉社の林氏宗祠内部には、清代康熙四二年（一七〇三）の「倡建林氏祖祠碑記」（図5－8）が立てられている。

この碑文を刻んだ石碑は、石倉社に林氏宗祠を建立したさいに立てられたと推定される。冒頭部分（一～二行目）では、「開基祖」の林嘉成が蓮池社から移住してきたこと、石で倉を建設したことから石倉社とよばれるようになったこと、嘉成の移住から、石碑が立てられた康熙四二年までにすでに九世をへていること（この内容はさきに記した「蓮峰社の「開基祖」から九代目の林嘉成」というインタビューの結果と、数字上奇妙な一致を示している。もちろん偶然の一致の可能性も捨てきれないが、インフォーマントの記憶が曖昧であったか、あるいはインフォーマントの「碑記」の解釈に誤りがあった可能性も残されている）など、石倉社建村の伝承が語られている。「開基祖」の林嘉成の移住以降、すでに九世におよぶことから逆算すれば、嘉成の移住は明初から明代中期頃のことと考えられよう。ここにインタビューからは得られなかった嘉成移住の時期をある程度、推定できるわけであるが、もし移住が明初から明代中期のことであるとすれば、嘉成が母村を離れたのは、蓮池社がまだ現在の玄壇宮社付近にあり、蓮峰社と呼ばれていたときのことと考えられる。

碑文の主要な部分（三～八行目）では、三房（林嘉成の三男の子孫）から林春蔭、字は子盛という進士が出たこと、彼の発議を契機として祠堂の建設がおこなわれたことなどが記されている。この林春蔭なる人物については、残念ながら詳細が判明しない。

そして最後の部分（九行目）から、石倉社の林姓は林嘉成を起点として、長房から四房まで四つの「房」に分かれていたことがわかる（「房」とは家族のなかの個々の息子が形成した血縁集団をさす。すなわち林嘉成には四人の息子がいたことを示唆する）。では、この「房」は石倉社の人びとにとって観念的なものにすぎないのであろうか。それとも現実生活のうえで何らかの意味を有していたのであろうか。

図5-9●「重修永興堂石碑」（筆者撮影）

## 角落内部の角落（二）——永興堂内部の碑文から

この問題を考えるために、永興堂内部に残存する、清代光緒一一年（一八八五）の「重修永興堂石碑」（図5-9）を検討することにしたい。

ここには、光緒一一年におこなわれた、趙公明・保生大帝などを祀る永興堂修築の由来・総収入・総支出が書き記されている。そのうち収入部分（七〜九行目）には、林趙官という一個人名（解釈は二通りある。一つは一個人名、もう一つは林某・趙某二名と考える場合である。前者の解釈の根拠としては、十行目に林脝官、十三行目に林充官、十五行目に林頌官と「官」の文字を含んだ人物名が見えるうえ、実際に閩南の男子の名には「○官」が多いといわれ、「林趙官」を一個人名と見なして問題ないと判断されること、後者のそれとしては、「官」の語には、閩南語で敬称としての〝さん〟の意味があり、ゆえに林・趙二名が個人として寄付したことを示すと考えてもおかしくないことがあげられる。いずれの解釈も捨てきれないが、とりあえず前者に従っておく）と見られるもののほか、田仔角・大庁角・石埕角・三房角・陳店社・雲後角の計六つの社名・角落名が記されている。これらの名称について林永記氏にたずねたところ、石埕角は福隆角（小社角）のこと、田仔角・大庁角・三房角・雲後角は大社角を構成する角落であるという。陳店社は丹店角をさすらしい。なぜなら、「丹」と「陳」は閩南語でともに「dan」と発音し、音通しているからであり、また、さきに丹店角には顔姓が居住していることを述べたが、「陳店社」とも表記することを考慮すれば、かつては陳姓も居住していた可能性がある。ここでは「社」と「角」が相互置換的である点にも注意しておきたい。

## 角落と「房」

このように考えるとき、大社角を構成する四つの角落の名称は、知りうるかぎり、少なくとも、ⓐ後埕仔角・下埕仔角・湖仔尾角・下間角、ⓑ看北角・門前角・湖仔尾角・下間角、ⓒ田仔角・大庁角・三房角・雲後角の三つのパターンがあったことになる。他にも看南角という名称を耳にしたが（図5-4にも見える）、いずれの角落に相当するのかは判然としない。このなかにⓒ三房角の名が見えることは、四つの角落を考えるうえで示唆的である。なぜなら、これらの角落が「三房」の語に看取されるように、四つの「房」に対応し、たとえば、田仔角・大庁角・雲後角がそれぞれ長房・二房・

四房のいずれかに相当しているのではないかと類推できるからである。そうであるとすれば、四つの「房」に属する人びとは観念上だけでなく、現実生活においても空間的な棲み分けをおこなっていた、それが現在の角落の由来であると考えられるのである。もう少し具体的に述べるならば、林嘉成が居住していた福隆角（小社角）から、何らかの理由で三房の子孫が出て行き、新たに家屋を建設し居住した場所が「三房角」と呼ばれたといえるのかもしれない。

以上、歴史文献のみから断定することは難しいが、大社角を構成する四つの角落は、林嘉成の子孫の四つの「房」に対応しているように思われる。「重修永興堂石碑」のなかには、陳店社の例外を除けば、林嘉成が居住していた福隆角（小社角）＝石埕角と、大社角を構成する田仔角・大庁角・三房角・雲後角の四つの角落しか見えないこと、福隆角と四つの角落＝大社角が地理的にきわめて密接な関係にあることを示しており、ここからも大社角内部の四つの角落は「房」に対応していると推測しておきたいと思う。

## 3 角落と信仰

### 角落と土地廟

これまでの検討から、石倉社内部の七つの角落は、先住異姓の家屋群と林姓の家屋群との関わりに由来するものであり、さらに七つの角落のうちの一つ、大社角内部に見える四つの角落は、林姓の宗族内、すなわち「開基祖」林嘉成以来の分枝＝「房」と関わっているらしいこと、しかもこれら角落が「重修永興堂石碑」に見られるように、寄付金を集計・供出する単位となっており、一定程度の自立性・共同性を確認できることなどが浮き彫りとなってきた。しかし注意すべきは、これら計一〇（大社角は四つの角落として数える）の角落の自立性・共同性が、決して過去の事態ではなく、現在でも宗祠・永興堂の修築や道路の造成など、石倉社内部の公共性の高い事業に関わる捐款（寄付）の単位として機能していることである。

こうした各角落の自立性・共同性は信仰面においても見られた。すなわち、各角落には土地神（土地公、福徳正神）を祀る土地廟がそれぞれ一つずつあったのである。そして各角落の人びとは自分がどの土地廟に帰属するかを明確に認識していた。たとえば、橋頭角の土地廟は「集落」へと入る橋梁のたもとに設けられていた（図5-6、図5-10）。小さな廟のなかには紅紙に書かれた「福徳正神」の

図 5 -10

図 5 -11

図 5 -12

**図 5 -10**●橋頭角の土地廟。図 5 - 6 の橋梁のたもとにも見える。（筆者撮影）
**図 5 -11**●福隆角（小社角）の土地廟（筆者撮影）
**図 5 -12**●福隆角（小社角）の土地廟内の神像（筆者撮影）

文字、多数の焼香の跡が見える。橋頭角の土地廟には、神像がなく、これで代替されていたらしい。

一方、福隆角（小社角）の土地廟はこれに比較して、規模がかなり大きかった（図5-11）。土地神も紅紙ではなく、神像が安置されていた（図5-12）。神像のすぐかたわらには、「福隆角各戸主輪流〝神明頭家〟次頭」と題された紅紙が貼り付けられており、土地神に対する祭祀を挙行するさい、「頭家（祭祀の主催者）」にあたる者の順番が明記されている。

ここにすべての土地廟を紹介する紙幅はないが、筆者らの調査のなかでも各角落に一つの土地廟を見いだすことができた。また、林永記氏へのインタビューでも、すべての角落にそれぞれ一つの土地廟があるとのことであった。しかし残念ながら、調査では大社角内部の四つの角落について土地廟の有無を確認することができなかった。林永記氏のいう〝すべての角落〟の意味がこれら四つの角落をもふくむか否か、つまり大社角で一つの土地廟を所有するのか、あるいは内部の各角落がそれぞれ別個に土地廟を所有するのか、断定は留保せざるをえない。

## 角落の自立性・共同性——中国聚落史への位置づけ（一）

これまでおもにインタビューと社の内部に残された石刻碑文を用いながら、石倉社の建村伝承と角落について簡単な検討を加えてきた。最後に、もう一度、角落とは何かを中心に整理してみよう。前述のように、現在、総人口数四〇〇〇人を擁する石倉社は、一つの自然村（石倉社）で、一つの行政村（石倉村）を構成していた。外部者として筆者らがはじめて石倉社を訪問したときも、たしかに景観のうえでは、石倉社は周辺の他の社（自然村）とやや距離をおきつつまとまって形成された一つの村落であるかに見えた。外部から来た調査者には、目撃した家屋群の内部構造がどのようになっているかは、にわかには判断しがたく、もし景観のみに頼るならば、石倉社はあたかも林姓の人びとによって下から自生的に形成され、成長を遂げてきた「集落」であるかに見えるのである。

しかしインタビューをはじめてみると、一自然村と思われてきた石倉社内部に角落とよばれる家屋群が存在することがわかってきた。問題はそうした家屋群がたんなる人家の集合としての居住区画なのか、それとも一つの地縁的社会結合体として、他の家屋群とは区別される自立性・共同性を有しているか否かである。

これらの角落、すなわち「○○角」とよばれる家屋群は、現在、林氏宗祠・永興堂の修築、道路の造成など、石倉社として公的な事業をおこなうさい、寄付金を集計・供出（捐款）する単位として機能している。ただし、現在では各角落に一定の割り当てがあるわけではないようであり、各角落に所属する個人の寄付の集積が個々の角落の石倉社に対する貢献の程度を示す、と考えていると思われる。過去もそうであったか否かは留保する。また、各角落のあいだの境界（ここにいう境界とは居住領域としての家屋群のみをさし、生産領域としての耕地などは含まない）は明確に認識されており、だれがどの角落に所属するか、自他ともにはっきりと認識していた。さらに、このような各角落の自立性・共同性は信仰面からも補強されていた。一つの角落には一つの土地廟があり（前述のとおり、角落内部の角落については留保する）、だれがどこの土地廟に帰属するか――それは角落への所属に対応する――を認識していたうえ、それぞれが輪番で「頭家」にあたることを要求されていたからである。

こうして石倉社の各家屋群＝角落は、そのほとんどが林姓でありながらも他の家屋群＝角落に対して一定の自立性を有していた。そうであるとすれば、個々の家屋群、すなわち角落は「集落」中の一居住区画と考えるよりは、むしろそれ自体が地縁的社会結合体としての性格を有した「集落」であると見なすべきように思われる。そしてそこから導き出される現在の石倉社の性格は、こうした「集落」が複数集合した血縁的（宗族を紐帯とする）社会結合体であったといえよう。そうであればこそ、丹店角の顔姓は、みずからの角落が林姓との血縁的な紐帯を示す「石倉小社」と呼ばれることを好まなかったのである。

## 角落の歴史性――中国聚落史への位置づけ（二）

こうした角落の自立性・共同性は歴史的にいつ頃までさかのぼることができ、またその自立性・共同性は何に由来するのであろうか。

石倉社に残された石刻碑文を検討するかぎり、「〇〇角」という呼称は少なくとも清末光緒年間にまでさかのぼることができる。そして建村伝承を分析すると、石倉社内部の七つの角落は先住者としての異姓の家屋群と、後来者としての林姓の家屋群との関わりに由来するものであることがわかった。推測を加えつつ述べるならば、七つの角落のうち、大社角と福隆角（小社角）は開基祖、すなわち林嘉成以来の林姓の「集落」であり、一方、陳厝角（陳姓）、黄厝角（黄姓）、丹店角（顔姓・陳姓）、舗下角（楊姓）、橋頭角（不明）は原来、異姓の家屋群であったが、次第に林姓の家屋群へと変貌を遂げていったと考えられる。後者の異姓の家屋群がはたしていつ頃、どのようにして林姓の家屋群へと変貌したのか、また異姓の家屋群へ入った林姓が大社角・福隆角（小社角）の林姓といかなる関係にあったのか、多くの疑問が未解決のままであるが、現在の石倉社で確認される角落の名称は、異姓の人びとがかつてここで家屋群を形成していたことを示すものであり、陳・黄・顔・楊の諸姓の家屋群が個々に「集落」と呼びうるものであったか否か定かではないものの、一定の自立性・共同性を有していた可能性は少なくない。

しかし、異姓の人びとが移住・改姓したのち、ほぼ林姓の単姓村となった石倉社内部で、なぜその後も各角落の旧称が残存し、その自立性・共同性が保持されてきたか、残念ながら、現在のところ、説明は不可能である。もしこの問題を検討しようとすれば、異姓の「集落」へと入っていった林姓がいかなる人びとであったのかがまず問われねばなるまい。たとえば、かりに大社角・福隆角（小社角）から出ていった人びとであったとすれば、彼らは林姓の宗族内部において貧しい、ないし弱者であった可能性が少なくなく、また異姓の家屋群に入ったあとも、最初から強者として異姓の人びとに臨んだとは考えにくく、むしろ弱者として異姓とのあいだに良好な関係を結ぶよう努力する必要があったと想像される。そのために異姓がもうけた土地廟に赴いて拝むこともあったであろう。こうして築かれていった各家屋群内部の社会的自立性・共同性は、林姓の人びとの所有となったのちにもそのまま残り、現在でも同じ林姓でありながら角落ごとに一定程度の自立性・共同性を有し、それぞれみずからの帰属する土地廟を拝んでいると考えられないであろうか。以上はあくまで推測にすぎない。今後さらなる実証作業が求められる。

また、これら七つの角落のうち、もっとも規模が大きい大社角内部にも四つの角落があった。これらの角落は林嘉成の分枝＝「房」と密接な関係を有していたと推定される。なぜなら、角落のなかに「三房角」なる名称が見られ、これは林嘉成の子孫の四つの「房」に対応するものであると考えられるからである。

このように各角落の由来・経歴から石倉社の内部構造を照射すると、第一に、異姓との関係、第二に、林姓という宗族内部の関係という二つの関係を基礎とした重層的な構造を有していたことがわかる。石倉社は自然村として景観上では一「集落」の態様を呈していたが、実際には由来も経歴も異なる複数の家屋群を内包していたといえよう。そしてそれらの家屋群＝角落は地縁的社会結合体、石倉社はそれらを血縁（宗族）関係で緩やかに結んだ社会集団としての性格を有していたのである。

## 角落とは何か──中国聚落史への位置づけ（三）

こうした事例を踏まえたうえで、角落とはいったい何であったのか、どのように定義することが可能なのであろうか、考えてみることにしたい。

そもそも、筆者に角落への関心を抱かせたのは、石倉社は蓮池社の角落である、という観念の存在であった。それは林嘉成が析出先である蓮池社を離れ、現在の石倉社（とりわけ福隆角）の地に移住したことに由来していた。移住ののち、石倉社の林姓はみずからの生産・居住領域を次第に拡大させ、さらに周辺の異姓を吸収・排除しながら、順調な発展を遂げていった（あくまで林姓の側から見ての話であるが）、かかる過程のなかで、原住の居住地域（すなわち福隆角）から外側へと拡大した家屋群を、宗族内部の関係によりつつ角落と呼び、またかつては異姓が所有していたが、その後、林姓の手に移った家屋群についても角落と呼んだのである。

このように論じてくると、角落と称する基礎的な根拠はまず宗族的な紐帯にあるといってよい。しかし宗族的な紐帯があれば、すべての家屋群を角落と呼ぶわけではなく、当然に析出先と移住先（たとえば、蓮池社と石倉社）という関係が存在する。では、他にいかなる条件を付加すべきか。たとえば、距離の遠近は関係ないようである。蓮池社と石倉社のように、キロメートル単位で離れている場合もあれば、石倉社の各角落間のごとく、メートル単位のきわめて近接している場合もある。また、角落成立までの歴史的な経緯にも、とくに共通点は見つからないようである。このように考えると、やはり新たに形成された家屋群が、析出先とは別個の自立性・共同性を築き上げていることが重要なのではないかと推測される。たとえ析出先が社であれ角落であれ、それとは別個の、自立性・共同性をもった新たな「集落」が形成された場合、析出先から見て、それは「わが角落」であったのだろう。自立性・独立性を有すればこそ、さきに紹介した舗下角のように、石倉社から見れば角落、しかし行政上の把握からすれば歩文村（行政村）所属の一自然村＝舗下社という置換が可能になったのである。こうした意味からすれば、石倉社は蓮池社にとって「石倉角」であったといってよいと思われる。

## 既存の中国聚落史研究との接合

片山剛は、中村治兵衛による中国聚落史研究（本書では「集落」の語に特定の定義を施した。ここでは混乱を避けるために、一般的には「聚落」の語を用いることとする）の回顧を紹介しながら、聚落それ自体の実体を研究する必要性が大きいこと、しかしそれが非常に困難であることを指摘したうえで、清末広東省広州府南海・順徳両県の聚落とその結合体について、歴史文献・地図および実地調査の成果を駆使しつつ、きわめて精緻な検討をおこなった。そしてその後も広東省珠江デルタを中心として精力的に都市・聚落史研究を進めてきた。

本書に関わる部分のみ、片山の研究成果を整理すれば、以下のとおりとなる。個別の家庭を超えて、近接・隣接する諸家庭が形成する地縁的な社会集団のうち、もっとも基層のものとして、同一の社公

（社稷壇、非人格神）・土地公（人格神）に対する帰属意識をもつ者を成員とする集団に着目し、これを自然村とよぶ（当初は「集落」の語を用いていたが、地理学的概念との混乱を懸念して修正している）。具体的には、「里」「坊」などと呼ばれる居住ブロックがこれに該当する。しかし、社公・土地公と居住ブロックとの関係は必ずしも一対一の対応関係とは限らず、一対複数の場合も存在した。一方、統治体系上の一単位として登場する「村」は、複数の自然村から構成される場合が多く、これを行政村ないしは自然郷とよんだ。各自然郷には郷主廟（複数の神廟のうち、郷全体に関わるとされた特定の廟）があった。つまり清末珠江デルタでは、自然村――（複数の自然村）――自然郷という地縁社会の重層性に対応して、社公――（神廟）――郷主廟という神々の重層性が浸透していた可能性が高いとした。このように個々の聚落レベルにまでおよぶ片山の緻密な考察は、聚落それ自体に関する知見の蓄積のない現状のなかで、今後の中国聚落史研究の方向性を打ち出した、きわめて示唆的な内容となっている。

## 地縁的血縁的結合と神々

本書における検討も片山の論点に関わりのある部分が少なくない。たとえば、神々（信仰・宗教）と居住ブロックとの関わりについて、石倉社を事例として整理すると、次のようになろう。

林姓―三房――石倉社（自然村）――各角落
林大章（宗祠）――趙公明（趙元帥）――土地神（土地公・福徳正神）

ここでは、中国政府が定めた行政村、たとえば、本書でいう歩文村・石倉村には、特定の神々が確認できないために排除される。共産党が〝上から〟見下ろした場合、龍海市（市政府）↓歩文鎮（鎮政府）↓石倉村（行政村、村民委員会）↓石倉社（自然村）と行政系統が下ってくるのであろうが、民間における自生的な集落の形成、つまり〝下から〟見上げた場合、角落↓石倉社（自然村）↓林姓一三房という地縁的ないし血縁的な社会が見えてくるように思われる。行政村（村民委員会）がいかに設置されたかが問題となるが、たとえば、石倉社の角落である舗下角が、石倉社から切り離され、舗下社（自然村）として歩文村に組み入れられたり、また逆に歩文村に黄姓の下店尾社がふくまれたりするなど、行政村に何らかの結合の紐帯を見出すことは難しいように思われる。

話をもどすと、もっとも基層の家屋群として形成されてきた角落には、それぞれ土地廟があり、土地神（土地公・福徳正神）が祀られる。その角落が複数結合した自然村＝石倉社には永興堂があって、趙公明（趙元帥）が祀られている。さらに次なる段階の結合を考えた場合、やはり登場してくるのが林姓としての宗族結合であろう。そして林姓の各社を統合する精神的な紐帯の役割を果たしていたのが、林氏宗祠に祀られた林大章であった。なお、蓮池社の場合は、人口約七〇〇人にすぎないため、筆者が知るかぎり、社（自然村）の下部としての角落は、玄壇宮社がそれにあたる可能性を残すものの、明確なものが存在しない。すなわち、石倉社の例にならって表現するならば、蓮池社は一角落（基層集落）で構成された一自然村とでもいえようか。そのため、該社には土地廟（土地神）・正一霊宮（趙公明）の二つが設けられている。

## 村落レベルの情報を共有する——歴史文献・碑文・インタビュー

このように整理すると、さきに述べたように、行政ハンドブックとしての性格を有する地方志には、「甲社」の項目が立てられ、行政上においては現在自然村として認定されている「社」レベルで掌握されているにすぎなかったが、実際には「社」それ自体が複数「集落」の結合体であり、下部には複数の基層集落（角落）を内包する場合があったことがわかる。こうした構造は片山がいう「村」とその下部単位「坊」「里」との関係にきわめて類似している。

また、各角落——石倉社という地縁的血縁的な社会の重層性に対して、土地神（土地公・福徳正神）——趙公明（趙元帥）という神々の重層性が浸透していると考えられる点は、やはり片山の論証を補強するものとなろう。さらに具体的には、角落の住民は土地廟の頭家に輪番であたること、各角落は石倉社永興堂（趙公明を祀る）の修築の費用を供出することで、それぞれ帰属意識を維持していたと推定される。

片山は「八九〜九一年、筆者は実地調査を行い、当地域の集落に関する知見を得ることができた。その結果、従来、集落に関する基礎的知識の欠落により、十分活用されなかった文献史料にも、照明をあてることが可能となった」と述べている。つまり、村落レベルの事柄に関する歴史文献が決して十分とはいえない状況にあることを前提として、そうした資料的限界を克服すべく精力的に現地を踏査し、老農民にインタビューをおこない、そこで獲得された知見と歴史文献を緻密に突き合わせることによって、中国聚落史研究に新たな地平を切り開いたと評価できよう。

片山の精緻な成果とは比較できないが、本書でもわずかながらのインタビューと、現地踏査のなかで偶目した石刻碑文を用いて、閩南地区の村落の解明を試みた。こうした石刻碑文は過去・現代を問わず、丁寧に見る必要があろう。村落レベルの石刻碑文は地方志などの史料にはあまり掲載されていないものの、農村を踏査すれば、かなりの数の石碑が残されていることは容易に想像される。すでに徽州文書など農村に残された文書の類は収集・研究の対象とされてきたが、農村に散在する石碑はほとんど利用されていないのが現状である。それを利用しようとすれば、膨大な時間と費用と労力を必要とし、かつきわめて煩わしい仕事であることは言を俟たないが、それだけに今後はますます現地中国人の社会経済史家の調査が期待される。改革開放とその後の急速な経済発展の荒波のなかで農村は大きな変化を遂げつつあり、ややもすれば石碑は打ち捨てられ姿を消しつつある。一日も早い筆写・整理を期待したい。なお、ここに紹介した事例がどこまで普遍化できるかは、今後の研究の進展に俟つほかない。しかし、ともあれ片山の広東省珠江デルタに加えて、新たに福建省南部の聚落像を提出できたのである。

## 玄壇宮社の現状

最後に、歩文村玄壇宮社についてもいくつか興味深い発見があったので、ここに紹介・検討しておこう。ただし、筆者は蓮池社・石倉社を中心にフィールドワークをおこない、玄壇宮社ではインタビューの時間を十分にはもつことができなかったから、あくまで調査当時の概況を述べるにとどまること、あらかじめお断りしておきたい。

林毅川氏へのインタビューによるかぎり、歩文村玄壇宮社は宋代の蓮峰社以来、林姓諸社のなかで、もっとも歴史的にさかのぼりうるものの一つである。蓮池社はかつてこの玄壇宮社付近にあったが（図4-7）、その後、清代道光年間に現在の位置に遷社した。すべての住民が移住したか否かは判明しないが、少なくとも現在の玄壇宮社の住民は、蓮池社の遷社後、石倉社下間角から移住してきた者であるとの伝承が残されており、蓮池社のときに建設された正一霊宮は、現在、彼らの子孫が管理しているという。なお、前述のとおり、玄壇宮社は林姓一四社のなかにふくまれておらず、蓮池社の角落である可能性もある。また石倉社下間角から玄壇宮社へという再移住がおこなわれたことから、石倉社の角落である可能性も残されているが、林永記氏へのインタビューでは確認できなかった。ただ

図5-13

図5-14

図5-13●玄壇宮社の正一霊宮（筆者撮影）
図5-14●玄壇宮社正一霊宮内の趙府元帥像（筆者撮影）

し、玄壇宮社は独自の正一霊宮をもっている点にも注目しておきたい。

　この正一霊宮は明代正徳五年（一五一〇）に建てられたもので、主神は趙府元帥（趙公明）である（図5-13、図5-14）。近くは一九八二年に重修されたようであるが、蓮池社・石倉社に比較して明らかに老朽化が進行していた。筆者は、蓮池社で迎神賽会を目撃したのち、玄壇宮社でも同様の祭祀活動がおこなわれていることを知り、様子を見に行ったが、蓮池社の賑わいにはほど遠く、複数の老婦人が紙銭

**図5-15**●正一霊宮前の常設舞台（筆者撮影）

を両手に拝んでいるほかは、四〇～五〇代の一人の男性が福寿を意味する紅白の「寿糕（ショウガオ。亀の形を模した餅のようなもの）」を作るのを子供たちに見せているだけであった。また、蓮池社の正一霊宮で演劇が奉納された同夜、玄壇宮社にも赴いてみたが、残念ながら、正一霊宮前に立派な常設の戯台をもつにもかかわらず（図5-15）、薄暗がりのなかでカラオケをするだけであった。

こうした迎神賽会に明確に看取されるように、玄壇宮社は蓮池社・石倉社に比較して経済的にかなり貧しく、共同体的な活動も不活発といってよい状況にある。また正確な数は不明であるが、人口数がかなり少ないようで、このような条件もあいまって迎神賽会の資金にも事欠いたのであろうか、劇団を招いて演劇を奉納することはできなかった。ほかにも、蓮池社・石倉社の家屋のなかには、二階建てで新築の家屋がしばしば見られたが、玄壇宮社の場合はほとんど皆無で、いわゆる「老房子」ばかりであった。

## 取り残された玄壇宮社

このような状況にもかかわらず、漳福公路を挟んで、玄壇宮社の北側に隣接する蓮池社は、玄壇宮社に対して積極的な経済援助をおこなっていないようであった。前述の歴史的な変遷（玄壇宮社は蓮池社の角落の可能性すらある）や、現在の地理的な位置関係からして、蓮池社と玄壇宮社とのあいだにはきわめて密接な関係があってもおかしくない。しかし正一霊宮や迎神賽会の様子、社内部の家屋を見るかぎり、玄壇宮社はすでに蓮池社をはじめとする他社から見捨てられたかのように静まり返り、取り残されていた。

林姓、とりわけ蓮池社・石倉社の林姓にとって玄壇宮社は、彼らの歴史上において重要な位置を占めるはずである。ところが、現在の玄壇宮社は歴史の荒波にさらされ消えていく運命にあるかのように見える。その原因はどこに求められるか。これは難問であり、筆者に応える力量はないが、あえて強いて推測するならば、一九八〇年代以降の改革開放政策のなかでの経済的成功の有無が、蓮池社・石倉社と玄壇宮社とをして別々の道を歩ませることになったのではなかろうか。今後、機会があれば、玄壇宮社を再訪し、碑文など文字資料の補充的な調査ないしインタビューをおこなってみたい。

## 参考書籍・論文（二）——中国村落史研究を深めたい人へ

中国村落史研究は古典的研究もふくめて、非常に優れた研究が多く、フィールワークの手法をもちいているものも多い。ここには一つひとつを取り上げる余裕はないから、おもに明清時代以降の江南デルタ・珠江デルタ・華北の村落史研究を掲げておくことにする。

①濱島敦俊『明代江南農村社会の研究』（東京大学出版会、一九八二年）
②濱島敦俊「中国中世における村落共同体」（『中世史講座2　中世の農村』学生社、一九八六年、所収）
③濱島敦俊「明清時代、江南農村の社と土地廟」（『山根幸夫教授退休記念明代史論叢』下、汲古書院、一九九〇年、所収）
④濱島敦俊「農村社会——覚書」（森正夫他編『明清時代史の基本問題』汲古書院、一九九七年、所収）
⑤片山剛「清末・民国期、珠江デルタ順徳県の集落と「村」の領域——旧中国村落の再検討へ向けて」（『東洋文化』七六号、一九九六年）
⑥片山剛「中国近世・近現代史のフィィールドワーク」（須藤健一編『フィィールドワークを歩く——文科系研究者の知識と経験』嵯峨野書院、一九九六年、所収）
⑦中村治兵衛『中国聚落史の研究』（刀水書房、二〇〇八年）
⑧松本善海『中国村落制度の史的研究』（岩波書店、一九七七年）
⑨内山雅生『現代中国農村と「共同体」——転換期中国華北農村における社会構造と農民』（御茶の水書房、二〇〇三年）

⑩内山雅生『日本の中国農村調査と伝統社会』（御茶の水書房、二〇〇九年）
⑪内山雅生『中国農村社会の歴史的展開——社会変動と新たな凝集力』（御茶の水書房、二〇一八年）
⑫三谷孝他編『村から中国を読む』（青木書店、二〇〇〇年）
⑬牧野巽『牧野巽著作集』（第五巻、中国の移住伝説・広東原住民族考、御茶の水書房、一九八五年）

# 第6章　水上に暮らす人びと——太湖流域の水上世界

## 1　歴史文献とインタビューから見た太湖流域の漁民たち

### 太湖流域という世界

現在の上海市の中心から、西方へ約七〇～八〇キロメートルの距離に、面積にして中国第三の淡水湖である太湖がある（図6-1）。東西六八・五キロメートル、南北三四キロメートル、面積二四二七・八平方キロメートルにも達し、その東南に分布する澱山湖・陽澄湖・泖湖など大小さまざまな湖沼群とともに、江南デルタ西部低郷と呼ばれる低湿地帯を形成している。上海北部から東部にかけて広がる、やや海抜の高い砂質微高地（崗身地帯）・砂堤列平野とは地形・自然環境・生態系などが異なっている。太湖とその周辺湖沼群を中心とする低湿地帯、すなわち太湖流域は水路網が四通八達し

図6－1

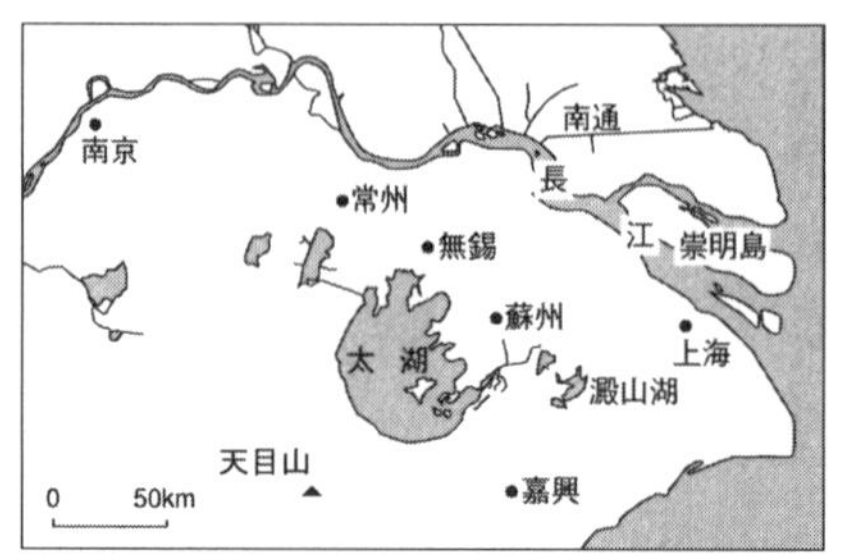


図6－2

図6－1●太湖付近の概観図。天目山系に降った雨水が本来ならば長江へそそぎ込むはずであったのが、沿江の砂質微高地にはばまれ、太湖を中心とする湖沼群が形成された。

図6－2●太湖開捕節に集まった漁船（2006年8月26日、筆者撮影）。大小さまざまな漁船が集結した様子は見る者を圧倒する。場所は太湖郷付近。

た典型的な水郷地帯で、そこでもちいられるおもな交通手段は船であった（図6-2）。

そうした環境を認識してことであろう、太湖流域はいにしえより「魚米之郷」として名高い。それは農耕だけでなく、淡水魚・河エビなどの漁撈や養殖も重要な生業の一つであったことを意味している。しかし、筆者が陸上世界と対比させて、わざわざ水上世界という言葉をもちいるのは、たんにこうした生業の相違からだけではない。太湖流域の場合、漁撈・養殖にたずさわる者には、たしかに農民が副業・兼業としておこなう者もあったが、実際にその大多数は生活の場を水上におき、陸上に住む農民とは一線を画す、いわゆる船上生活漁民――中国語では連家船漁民という――であったからである。彼ら船上生活漁民は陸上世界の都市民や農民とはまったく異なる環境におかれ、異なる思考様式をもって日常生活をすごしていた。日本でいえば、かつて広島・岡山・香川など瀬戸内海や長崎などに見られた家船（エフネ、エブネ）に近いものであったといえよう。

中国は大陸国家、すなわち陸上世界が中心であるかのように考えられてきたためか、船上生活漁民に対しては十分な関心が払われてこなかった。近年、江南の水上生活漁民を扱った胡艶紅『江南の水上居民――太湖漁民の信仰生活とその変容』や、福建省沿海のそれに着目した藤川美代子『水上に住まう――中国福建・連家船漁民の民族誌』（ともに風響社、二〇一七年）がようやく上梓され、研究も活況を呈しつつあるものの、都市民の生活や、農村の地主―佃戸（小作人）関係が多大な関心を集め、厖大な研究が蓄積されてきたのとは大きく異なっている。しかし、水上世界への無関心は彼らの生活・生業が中国人を代表しないという研究者の問題関心の設定のみに帰せられるものではなかった。簡単にいえば、じつは歴史文献がほとんど残されていないのである。歴史文献はあくまでも文字を駆使しうる知識人層の認識であって、彼らにとって船上生活漁民の生活などどうでもよいことであり、一部の例外をのぞいてほとんど関心を示さなかったからである。

本章以下では、筆者が収集してきた断片的な歴史文献と、それをおぎなうべく実施されたフィールドワーク（インタビュー調査）の記録の両方をもちいながら、太湖流域の水上生活漁民の歴史世界に迫ってみたい。とりわけ、太湖流域漁民の漂泊・漁撈生活、彼らのもっとも主要な生産活動である漁撈のあり方についてのスケッチを中心として話を進めていくことにしよう。

## 2 歴史文献から水上の暮らしを映し出す

### 地方志に見える太湖流域の船上生活漁民

前述のように、明清時代以降、盛んに編まれた郷鎮志は、市鎮（市場町）を中核として周辺農村が結合した地域社会の現状を、編纂者自身が観察・取材して執筆した地方志の一種である。それらは他の歴史文献に比べて庶民像をより詳細に伝えている。たとえば、江蘇省光福鎮の光緒『光福志』巻一、風俗には、太湖流域漁民に関して次のように記されている（〈 〉カッコは割注、〔 〕は筆者による補充を示す）。

水上生活する者は漁撈を生業としている〈呉（江蘇省一帯）はもとより水郷であり、光福〔鎮〕

図6－3●呉江市金家壩鎮付近における漁民の交易（2005年12月24日、筆者撮影）。車窓から偶然に目撃、非常に多くの漁民が水産品を取り引きしていた。筆者のこのあと下へ降りて漁民に話しかけた。

もまた太湖の湖畔にある。漁する者は一〇人中三、四人におよび、漁撈にたずさわる者がもっとも多い。皮日休・陸亀蒙の二先生はかつて「漁具詩序」を著したが、「その漁の方法ははなはだ精妙で、光福〔鎮〕の魚は升を単位として値を計る」という。清朝の汪琬の「光福詩」には「湖漁は斗で計算して交換する」という。按ずるに、『呉郡志』には「魚斗というのは呉の習俗であり、斗をもって魚を数える。今では二斤半を一斗とする。魚を売る者は多く斗を単位として計算する。唐朝から今にいたるまでこのようである」とある。（中略）おもうに、厳冬の時期の漁業は、積雪結氷して、労苦は農耕よりはなはだしい。その漁撈の方法は、あるものは漁網で捕まえ、あるものは餌で釣り、あるものは澨滬（ぜいこ）で囲い込む。湖中の網船の最大のものは六扇篷という。朱竹垞は〔六扇篷について〕「漁する者は船をもって家となし、おおむねよく富裕となっている」と詩に詠んでいる〉。

現在でも光福鎮には漁業村があるが、清代にはすでに多数の漁民が集結していたと考えられる。右の資料では、最初に詩に詠まれた魚の売買の方法をとりあげ、太湖流域では升ないし斗で計算して売買がおこなわれていたこと、二斤半（約一・五キログラム）を一斗としたことが語られている（図6-3）。次いで、厳寒の冬季、主要な生産活動たる湖面の漁撈が農耕に比較していかにつらいものであったか、具体的な漁法として漁網、餌釣、澁滬（捕魚の仕掛けの一種）をもちいたものが紹介される。そして、最後に太湖でもっとも巨大な網船（漁船）として有名な六扇篷、すなわち六桅漁船（六本マストの漁船）に言及し、漁民の「船をもって家とな」す生活と富裕さとについて述べている。

そのほかの郷鎮志にも同様に漁民の日常生活に関する記載は散見されるが、『光福志』のものと大差ない。郷鎮志の編纂者は、たしかに漁民に対してもまったくの無関心ではなかった。しかし、編纂者をふくむ陸上世界の人びとにとって漁民の水上世界はあまりに異なる世界だったのだろう。きわめて簡素な記載にとどまるうえ、正確でない場合も見られる。観察者の、そうした観察対象への関心・知識のうすさ、先入観、ときに蔑視の感情に起因することは間違いなかろう。それがもっとも典型的に表れているのは漁民を潜在的な犯罪者と見なすものである。たとえば、蘇州南の呉江県にある黎里鎮の光緒『黎里続志』巻一二、雑録には、以下のような文章が残されている。

嘉慶初（一七九六年〜）、黎里鎮西郷の楊家港では、村民の多くが漁を生業としている。その船は一櫓両槳（一つの櫓に二つのかじ）で、軽くはしること、まさに飛ぶがごときであった。昼に出て捕魚をおこない、夜に盗賊になり、いわゆる「剪網船」と呼ばれるものである。楊家港で禍をなしたが、地方官府は捕縛できなかった。

呉江県東部の黎里鎮西郷の楊家港では、漁民が船足の速い「剪網船」と呼ばれる漁船に乗り、昼間は捕魚、夜間は盗賊行為をおこなっていたという。

同様の内容は、呉江県蘆墟鎮の道光『分湖小識』巻五、別録上、軼事にも見える。

分湖西南の楊家蕩はもとより盗賊の巣窟であった。その郷人は多くは漁を生業とし、いわゆる「剪網船」なるものがあって、百計をもちい、一櫓両槳で軽くはしることまさに飛ぶがごときであった。夜間に湖蕩に出没し、多くの人びとがほしいままに強奪され、遠近から強盗事件を報ずる者が紛々と絶えなかった。

このように漁民が夜間に湖蕩（湖沼）に出没して強奪を繰り返したことは、しばしば太湖流域の水郷地帯の郷鎮志に見え、いずれも漁民を犯罪者と見なして記述している。

では、なぜ漁民はこうした強盗に走ったのであろうか、あるいはそのように見なされていたのであろうか。たとえば、現在の無錫付近にあたる清末『無錫斗門小志』には〝生存としての一手段〟としての強盗・窃盗が指摘されている。

民はみな紡織や捕魚を生業とする。にくむべきは市場の富商で、米価の値段をつり上げるため、飢民は生活に苦しむ。捕魚には必ず小船をもちいるが、もし盗まれたならば一家をあげて死を待つのみある。捕魚する人にも地方に害をなす者があり、小船で三々五々群れをなし、黒夜に捕魚といいながら、水路で出会えば貨物を奪い、孤舟を狙って襲い、養魚池の魚や柴草などの物を盗むのである。

凶作時の米価高騰は、そもそも貧困生活を強いられている漁民に重大な影響を与え、みずからの船を盗まれてしまうと、飢餓におちいるか、あるいは強盗・窃盗に手を染めるか、究極の選択しか残されていなかったのである。

## 檔案（公文書）から見た太湖流域の船上生活漁民

次に、檔案と呼ばれる公文書から太湖流域漁民にかかわる記載を紹介してみよう。公文書には、中央政府から地方の最末端の行政機関まで、さまざまなレベルのものがある。ここで紹介したいのは、清代の雍正一三年（一七三五）に太湖流域を専門的に管轄するために設置された行政機関である太湖庁（太湖撫民府）の公文書である、いわゆる太湖庁檔案と呼ばれるものである。この檔案はさまざまな経緯があって、現在では日本の国立国会図書館に所蔵されており、先学によって部分的に紹介・利用されてきた。そのなかには、これまで検討されたことのない、太湖流域漁民に関する一群の文書が含まれている。ここでは、光緒一五年（一八八九）七月一二日に出された二件の通達を取り上げてみよう。

これら二件の内容を簡単に整理すれば次のようになる。太湖庁とその東に位置する呉県（蘇州）との境界にあった白浮頭（湖名）などには、魚斷・魚簾（いずれも養魚用の施設）をこっそりと設けたり、河蕩（湖沼や河川などの内水面）に水草が生い茂ったりして、船舶の通行に不便な場所がある。したがって、これらをすべて撤去したうえで、現地の見取図と、今後はこうした施設を設置しない旨の誓約書を付けて報告しろというのである。このとき、実際に現場で撤去を命じられているのは、蕩頭・漁戸・斷頭・業戸・地保、文書を通達されたのは、司獄司・蕩差と呼ばれるような人たちであった。彼らはいったいどのような人たちだったのであろうか。

たとえば、司獄司は太湖庁の従九品という最末端の官僚であり、地保は治安などをつかさどる郷役であった。蕩差（蕩は水面の呼称）は差役とよばれる職役の一種であり、水面にかかわって治安など何らかの任務を担っていたと考えられるが、詳細はいまだ不明であり、今後水上世界を明らかにするなかで興味深い検討対象となるであろう。

図6－4

図6－5

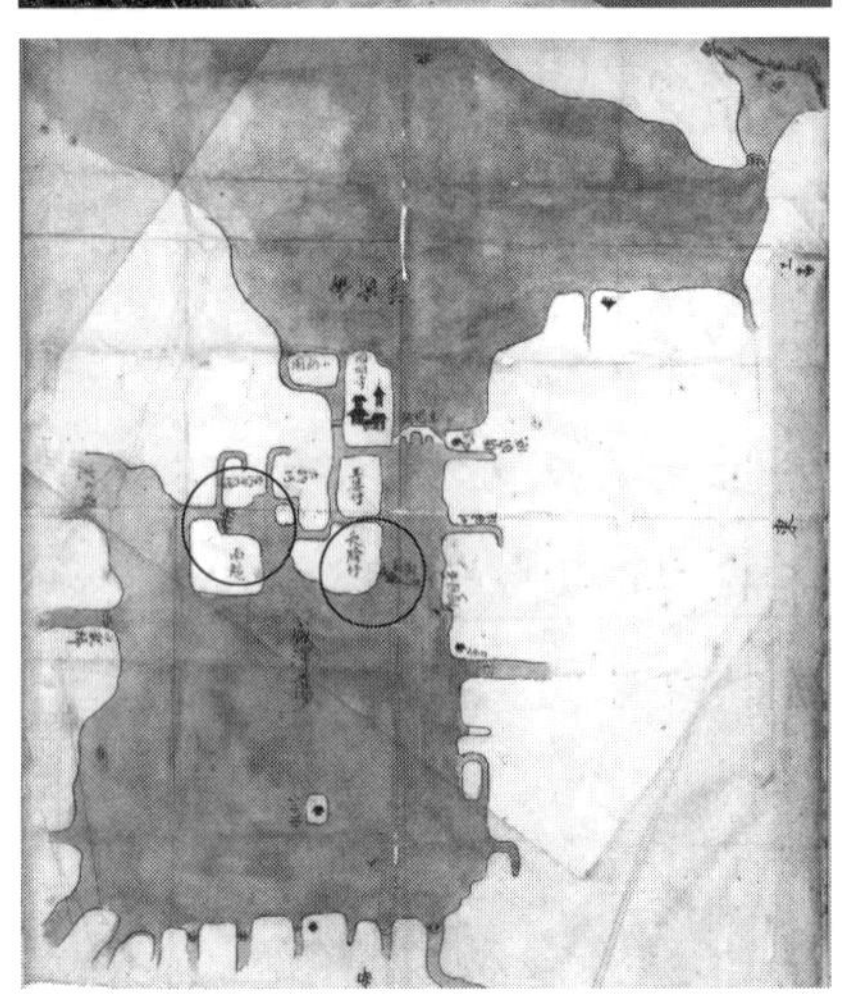

図6－4●河川にもうけられた魚簖（2008年6月7日、筆者撮影）。

図6－5●清代の呉江県盛沢鎮の絵図に見える魚簖。盛沢蕩の長膀圩の右側に「新簖」の字が見え、この魚簖が当時何らかの問題を惹起したため、この絵図が地方官庁に提出したものと推定される。蘇州市檔案館所蔵。

一方、魚籪・魚簾とは養魚のために竹などでつくった柵などの囲いのことで(図6-4、図6-5)、これで一定の河面・湖面を囲い込む。設置者を籪戸という。籪戸と籪頭とは現実的には同一人物をさすのであろう。魚籪・魚簾の私的な設置が問題視されていた背景には、これらが江南デルタで中心的な役割を果たしてきた水上交通の障害になっていた事実があった。では、河蕩それ自体はそもそも籪戸が所有していたのではなかったのだろうか。「官有」あるいは他人が所有する河蕩に承諾を得ないまま設置したのであろうか。文献中に見える蕩頭とはどのような人物で、河蕩とはいかなる関係にあったのか。文献の内容を正確に理解するには、あまりに不明な点が多く、より多くの情報を必要とするのである。

このように歴史文献は、ときになまなましい具体的な固有名詞をともなった詳細な情報を伝えてくれるのであるが、当時はあくまでだれにでもわかる〝当然〟のことであったため、そうした固有名詞には詳細な解説をつけず、現在のわれわれから見れば、きわめてあいまいな記述にとどまっていたし、肝心の社会背景については自明のこととしてほとんど何も語ってくれない。こうした現実を目のあたりにしたとき、インタビューは一定の有効な方法となりうる。以下では、筆者がおこなったインタビューにより収集した口碑資料を実際にもちいながら、歴史文献では光をあてることができない水辺の生活を明らかにしてみよう。

## 3 フィールドワークから水上の暮らしを映し出す

### 口碑資料から見えてくる太湖流域の船上生活漁民

一九四九年の中華人民共和国成立以前、太湖流域漁民の生活形態はどのようなものだったのだろうか。漁民の生活の実態をさぐるべく、筆者は二〇〇五年に江蘇省呉江市の北厙(ほくしゃ)鎮漁業村をたずねた(図6-6)。そこで八月四日にインタビューしたのが金天宝氏であった(図6-7)。氏は当時六四歳、北厙鎮の生まれで、「祖籍(観念上、先祖代々定住・納税などをおこなっていたと見なされている地)」は山東省である。彼の証言中の一九三〇~四〇年ごろの状況は、当然ながら伝聞であるが、かつての水上生活漁民の生活形態・社会関係を検討するうえで大変参考になった。六八年に実施された「漁業的社会主義改造」、いわゆる「漁改」のさいに建設されたという金氏の自宅で話をうかがった(図6-8)。

**問** 船上生活の経験がありますか? 解放後の身分は何でしたか?

**答** あります。四〇年ほどです。身分は漁民でした。

**問** 富裕漁民、中等漁民、それとも貧苦漁民?

**答** みな貧下中農(当時のカテゴリーでは農民の範疇に漁民もふくまれる。筆者補)でした。船上生活

郵 便 は が き

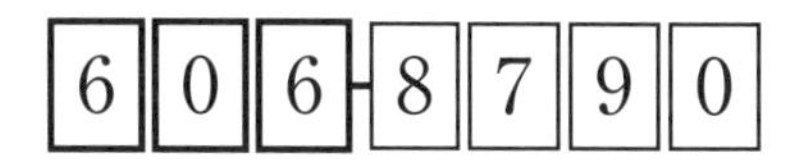


料金受取人払郵便

左京局
承 認

4109

差出有効期限
2022年11月30日
ま で

(受 取 人)

京都市左京区吉田近衛町69
京都大学吉田南構内

**京都大学学術出版会**
**読者カード係 行**

---

▶ご購入申込書

| 書　　名 | 定　価 | 冊　数 |
|---|---|---|
| | | 冊 |
| | | 冊 |

1. 下記書店での受け取りを希望する。

都道府県　　市区町　　店名

2. 直接裏面住所へ届けて下さい。

お支払い方法：郵便振替／代引　　公費書類(　　)通　宛名：

送料　ご注文 本体価格合計額　2500円未満:380円／1万円未満:480円／1万円以上:無料
代引でお支払いの場合　税込価格合計額　2500円未満:800円／2500円以上:300円

**京都大学学術出版会**
TEL 075-761-6182　学内内線2589 / FAX 075-761-6190
URL http://www.kyoto-up.or.jp/　E-MAIL sales@kyoto-up.or.jp

お手数ですがお買い上げいただいた本のタイトルをお書き下さい。

（書名）

■本書についてのご感想・ご質問、その他ご意見など、ご自由にお書き下さい。

■お名前

（　　歳）

■ご住所

〒

TEL

■ご職業

■ご勤務先・学校名

■所属学会・研究団体

■E-MAIL

●ご購入の動機

A.店頭で現物をみて　B.新聞・雑誌広告（雑誌名　）

C.メルマガ・ML（　）

D.小会図書目録　E.小会からの新刊案内（DM）

F.書評（　）

G.人にすすめられた　H.テキスト　I.その他

●日常的に参考にされている専門書（含 欧文書）の情報媒体は何ですか。

●ご購入書店名

都道府県　市区町　店名

※ご購読ありがとうございます。このカードは小会の図書およびブックフェア等催事ご案内のお届けのほか、広告・編集上の資料とさせていただきます。お手数ですがご記入の上、切手を貼らずにご投函下さい。

各種案内の受け取りを希望されない方は右に○印をおつけ下さい。　案内不要

図6-6

図6-7

図6-8

**図6-6**●北厙鎮漁業村（2005年8月24日、筆者撮影）。多数の小型漁船が停泊している。

**図6-7**●金天宝氏（2007年3月20日、筆者撮影）。数度にわたるインタビューに快く答えてくれた。

**図6-8**●1968年の漁改のさいに建設された家屋（2007年3月20日、筆者撮影）。現在では別の家屋を買い、出て行ってしまった漁民も少なくない。陸上定住（陸上がり）の時の状況が偲ばれる。

には何の区別もありませんでした。みな一家で漁をして一家で食べるのです。みな貧困でした。かつては文字も知りませんでした。

**問**　たとえば、富裕漁民と貧苦漁民にはどのような区別があったのですか？

**答**　区別はあります。〔その基準は〕生活が良いか否か、衣服が良いか否か、食べ物が良いか否か、住んでいるところが良いか否かです。

**問**　当時（一九四九年以前）、自分で船を所有していましたか？

**答**　ありました。当時、一般に一隻を所有していました。大きくありません。ほかに漁撈の道具、たとえば眼網や鈎子をもっていました。

**問**　解放前、家屋や土地を所有していましたか？

**答**　〔家屋も土地も〕ありません。本当の無産階級だったので、一隻の船をもっているだけで、船上で眠り、船上で食事をしました。

**問**　父親は解放前、何をしていましたか？

**答**　漁業です。数世代前から漁撈をおこなっています。子供が成長したら、つまり結婚したら船をもう一隻入手して分船します。解放後も漁をしていました。

**問**　解放前、固定された場所（漁場）で漁をしたのですか？

**答**　いいえ、〔固定された漁場はなく〕どこでも漁をしました。

図６－９

図６－10

**図６－９●**呉江市七都捕撈村の船上生活漁民の船内（2005年８月11日、筆者撮影）。テレビ、布団、かまど、日用生活品なんでもそろっている。
**図６－10●**麦鉤を手入れする漁民（呉江市莘塔漁業村、2005年８月９日、筆者撮影）

筆者は金氏以外の多数の漁民にもインタビューを試みたが、その内容は右と大差なかった。ほかのインタビューも含めたうえで、一九四九年以前の太湖流域漁民の生活形態について簡単に整理してみると、次のような特色があるといえる。

第一に、太湖流域漁民は基本的に陸上に土地や家屋を所有することもなく（図6-9）、わずかに小木船一隻と眼網・蝦網（魚・エビを捕まえる網）・鉤子・麦鉤（釣り針、図6-10）など、簡単な漁具をもっているだけの船上生活を送っていた。第二に、太湖流域にあって、面積が比較的小さな蕩・湾・漾などと呼ばれる内水面で漁撈に従事する漁民は、家族を単位としたきわめて零細な経営にとどまり、外洋（海洋）漁民に見られる、漁船や漁網などの漁具の所有者、漁業経営・請負者、漁業労働者などのような経済的な階層分化は確認できなかった。ほぼすべてが貧困漁民だったのである。第三に、漁民はたぶん曾々祖父—曾祖父—祖父—父—本人と数世代前までさかのぼって、先祖代々漁民である場合が多い。これは戦略的な職業選択の結果というより、むしろ太湖流域における陸上定居（陸上がり）＝陸上世界への参入のむずかしさを語るものと思われる。

なお、筆者は他の漁民へのインタビューのなかで「漁撈をおこなうさいに、何らかの共同作業はなかったか」という漁民間の「共同性」を念頭においた質問を投げかけたことがある。しかしそれは完全に否定された。内水面では共同で漁をする必要性もなかったのである。漁撈それ自体には漁民の「共同性」は確認されなかった。

## 水面に関する所有権をめぐって

漁民たちが漁撈をおこなう場であった水面（蕩・湾・漾）については、金氏が語っていたように、とくに固定されていなかった。あるいは慣例として一定の水域内で漁撈をおこなったが、権利関係の有無がからむような固定された漁場が設定されているわけではなかった。そして、漁民間の漁場紛争という事態は、筆者は少なくともこれまでのインタビューのなかで耳にしたことがない。

そうだとすれば、漁民は太湖流域のどこの水面でも自由に操業できたのであろうか。そもそも水面に対する所有権・使用権という概念が存在したのであろうか。法学者の寺田浩明の研究によれば、安徽省では、土地の使用収益と所有が分化した「田面田底慣行」にならった権利形態として、一定の範囲内で漁網によって鮮魚類を採ることができる「水面権」と、水が引いたあとにあらわれるアシが生えた土地から収益する「水底権」を分立させる慣行があったという。太湖流域の湖沼群を見るかぎり、現在のところ「水面権」と「水底権」の分離のような事例は確認できていない。当然ながら、大陸性の乾燥した気候の安徽省と、中国屈指の水郷地帯である太湖流域とでは、水面をめぐる権利関係のあり方にちがいがあってもおかしくないし、地域性は考慮されてしかるべきであろう。しかし、それ以前に問題なのは、水面の権利関係について歴史文献はわずかな手がかりをのぞいて、ほとんど何も語ってくれないことである。

そこで筆者が一九四九年以前における太湖流域漁民の漁撈と魚蝦類の販売について漁民にインタビューしてみると、内水面の所有・使用のあり方におぼろげながら輪郭が見えてきた。たとえば、二〇〇五年八月四日にインタビューした、江蘇省呉江市の八坼鎮漁業村の孫桂生氏（九〇歳、本地人）は「［八坼鎮にあった］王福才魚行（魚問屋）の経営者は唐六子といいます。王福才とは彼の父親の名前です。彼らは漁民ではありませんでしたが、河蕩（内水面）を所有していました。漁をするとき、あ

図6-11●張小弟氏（2005年8月9日、筆者撮影）

る河蕩ではさきに彼ら（魚行）に「出蕩銭」を支払いましたが、ある別の河蕩では支払わなくともよかったのです」と述べている。四九年以前、八坼鎮所在の王福才魚行が同鎮付近の河蕩を所有ないし使用していたこと、漁民が漁撈しようとする場合、所有ないし使用している魚行に「出蕩銭」を、漁獲の有無にかかわらず、あらかじめ支払う必要があり、それを入漁料と見なせること、しかしそれはすべての河蕩におよぶものではなく、一部の河蕩では支払わなくともよかったことが理解できる。

同様のことは、二〇〇五年八月九日に実施した、呉江市の莘塔鎮漁業村の張小弟氏（六四歳、蘆墟栄字村人、（図6-11））へのインタビューの証言にも見えている。「ある河蕩では「銭」を「漁覇」に支払わねばならず、それは民国の通貨で二、三角程度であった。ある河蕩では支払う必要がなかった」。ここにいう「銭」はさきの「出蕩銭」であろうが、支払う相手は魚行ではなく「漁覇」と呼ばれている。この「漁

**図6-12●**沈永林氏（2005年8月5日、筆者撮影）。現在、大長浜村の陸上定居用の住宅に住む最後の漁民となった。

覇」とはいったい何をさすのであろうか。

## 「漁覇」とは何か？

張小弟氏の口から出た「漁覇」――字面から見ても「漁業」「悪覇」を組み合わせたものだからいい印象はないが――とは何をさしているのであろうか。〇五年八月九日における呉江市北厙鎮大長浜村の沈永林氏（図6-12、六二歳、翁家港人、祖籍は梅堰）へのインタビューでは、以下のような質疑応答が見られた。

**問**　解放前、漁はいつも同じ場所でおこなっていたのですか？

**答**　はい、唐家港と翁家港です（港は水路をさす）。父親も祖父もそこで漁をしていました。外地人（外来者）であってもそこで漁ができました。

**問**　その唐家港や翁家港などには蕩主（港主）がいましたか？

**答**　いいえ、いません。

**問**　出蕩銭は支払わなくてもよかったのですか？

# 車鎮政区図

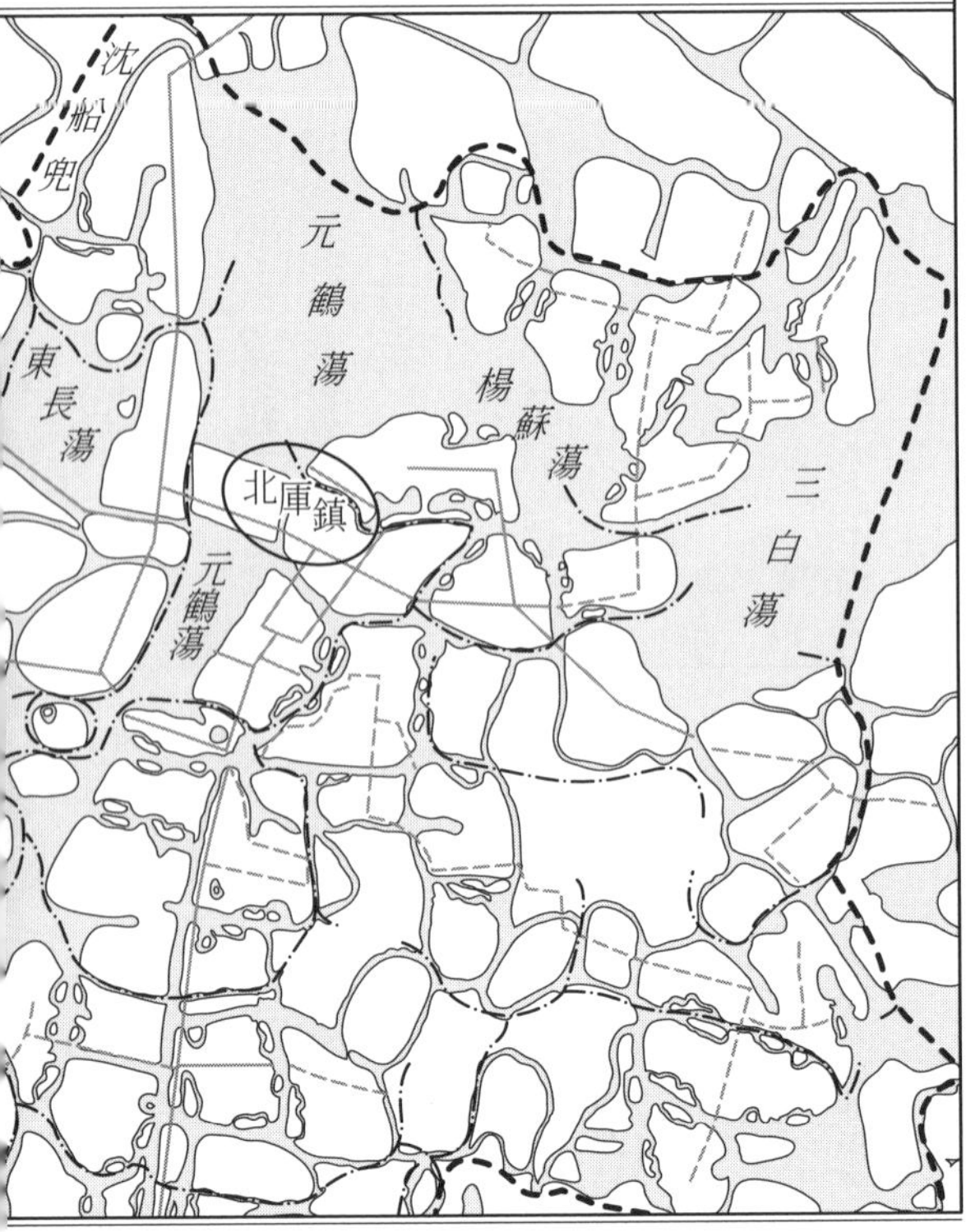

沈船兜
元鶴蕩
東長蕩
楊蘇蕩
北庫鎮
三白蕩
元鶴蕩

図 6 -13●江蘇呉江市北厙鎮付近図

答　説明しましょう。唐家港と翁家港はともに小魚蕩（小規模な湖沼・水路）ですから、漁をするのに出蕩銭を支払う必要はありませんでした。大魚蕩、たとえば、朱林宝（人名。後述）が所有する魚蕩の場合には、支払わねばなりません。ここ南参蕩も朱林宝のもので、出蕩銭を支払いました。南参蕩と同じように、老人蕩・東長蕩・元鶴蕩・沈船兜・楊蘇蕩・三白蕩など（図6-13）、これらはすべて彼女（朱林宝）のものでした。

問　漁のときはいくら支払ったのですか？

答　大洋銀二枚、現在の貨幣価値でいえば、数十元ぐらいです。（中略）

問　出蕩銭はどのようにして支払ったのですか？

答　彼らがみずから取りにきました。それは朱林宝の手下で、「賬房先生（帳簿係）」のような人でした。もし出蕩銭を支払わなければ、漁に行けませんでした。このあたりの漁民のなかで陸上に居住する者のうち、彼女はもっとも権力のある人物でした。

問　なぜ朱林宝に出蕩銭を支払わねばならなかったのですか？

答　河蕩は彼女のものですから。河蕩の水面〔使用〕権は彼女のものでした。彼女は「河覇」だったのです。

問　河蕩に出て漁をするとき、何らかの制限があったのですか？

答　いいえ、漁は一年中できました。彼女の大河蕩ではいつでも漁をしてよかった。ただし、明日、

漁をするつもりなら、前日に出蕩銭を支払わねばなりませんでした。（中略）

**問**　解放前も朱林宝を「漁覇（河覇）」と呼んだのですか？

**答**　解放前は水面を大変多く保有していたので蕩主とよびました。解放後に「漁覇」と呼んだのです。同里鎮にも「漁覇」がいました。ともに銃殺されました。「鎮圧粛反（反革命分子を粛清する）」「抗米援朝（アメリカに対抗し朝鮮を援助する）」のころにみな銃殺されたのです。

**問**　解放前には税を支払っていましたか？

**答**　支払っていません。「漁覇」に出蕩銭を支払うだけです。出蕩銭あるいは河蕩銭といいました。漁獲があれば、魚の量にしたがってさらに支払います。銭はすべて「漁覇」にわたしました。出漁前にも、天候にかかわらず、〔手付金として〕出蕩銭を支払いました。

## 「漁覇」・出蕩銭・水面権

沈永林氏へのインタビューからわかることを簡単に整理してみよう。第一に、同じ河蕩（水面）であっても、商品価値の高い魚やエビなどの漁獲がある大河蕩と、たいした収益が得られない小河蕩とでは、漁場の権利関係のあり方に相違が見られた。前者には、朱林宝に代表される蕩主がいて、「水面使用権」を保有していた。蕩主はこうした河蕩について所有ないし使用を主張し、漁をする漁民から出蕩銭（河蕩銭）を徴収した。ここにいう蕩主は名称こそ若干異なるものの、さきの太湖庁檔案に

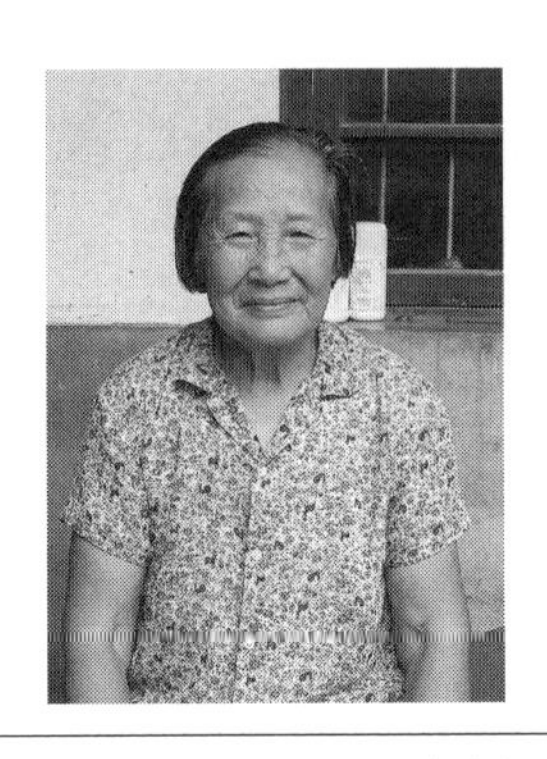

**図6-14**●朱林宝の後裔（2006年8月30日、楊申亮撮影）。民国末、朱林宝は魚行だけでなく典当（高利貸）・茶館・水果行をも兼営しており、自衛団も有していたという。

見える「蕩頭」にあたると判断してよかろう。実際に、この点を他の漁民にたずねたところ、「蕩主と蕩頭は同じだ。地域によって名称が異なるだけだ」という主旨の回答を得た。一方、後者は、沈氏の言葉を借りれば、まさに蕩主不在であった。しかし無主とは考えにくく、むしろ蕩主がいても所有ないし使用を主張するまでもないような河蕩、あるいは「官有」の河蕩だったのではないかと推測される。つまり、たいした収益が得られないことがわかっていたため、特別な事情がないかぎり、漁民の共同使用にまかせていたと考えられる。

第二に、北厙鎮付近の河蕩の多くは蕩主の朱林宝が所有ないし使用していた。朱林宝は当地では大変有名な魚行である朱大昌魚行の経営者であった（図6-14）。よって水面の所有ないし使用の主体の一つとして魚行を想定できる。

第三に、「漁覇」ないし「河覇」は一九四九年以後、中国共産党が政治的に名づけた呼称であり、以前は蕩主と呼

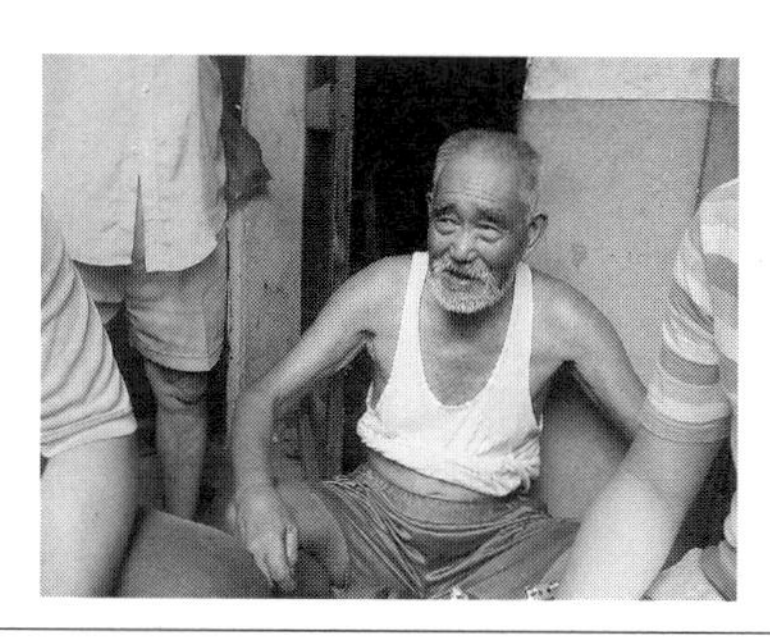

**図6-15●**褚阿弟氏（2005年8月9日、筆者撮影）。かつては劉王（劉猛将）を拝んでいたが、仏娘に銭・米を要求されたうえに、長男が亡くなったため（仏娘のせいと考えている）、カトリック（天主教）に入信した。

ばれていた。蕩主とは、言葉からしてまさに河蕩（湖沼や河川といった内水面）を所有ないし使用する者の意味であり、「漁覇」とは農民の世界のいわゆる「悪覇地主」を想起させる呼び方であり、漁民の世界を牛耳っていた者をさしている。そこには魚行や蕩主が漁民から搾取してきたことが含意されている。

第四に、漁民は地方政府に対して漁業税を支払っていない。支払ったのは蕩主への出蕩銭だけであった。したがって、政府の関心はおもに徴税の対象となる蕩主に向けられ、入漁料である出蕩銭を蕩主に支払うのみであった漁民に対する関心はさほど高くはなかったようである。

出蕩銭は河蕩銭とも呼ばれていたが、〇五年八月九日にインタビューをおこなった、莘塔鎮漁業村の褚阿弟氏（八〇歳、菱湖人、図6-15）も「解放前、三白蕩や元鶴蕩で漁をするときには、銭を魚行ないし蕩主に支払わねばなりませんでした。これを「蕩費銭」といいます。経営者が一枚の「票（許可証〕」を売るときに彼に支払いました。二角程度の金額です。蘆墟鎮には協和順〔双隆〕魚行がありました。彼らも「漁覇」と呼んでいいでしょう」と語り、「蕩費銭」とも呼ばれたことがわかる。入漁料の名称、金額の多寡は各地域で若干異なっており、これらが政府の規定ではなく、各地の蕩主や魚行がそれぞれ設定する地域性の高いものであったと思われる。

さらに、〇五年八月八日にインタビューを実施した、黎里鎮漁業村の徐発龍（七四歳、本地人）は「〔解放前〕黎里鎮で漁をするときには銭を「小漁覇」に支払わねばなりませんでした。「小漁覇」のうえには「大漁覇」がいました。「小漁覇」はチンピラ（無頼）のようで、「大漁覇」は魚行の経営者でした。周天勝（人名）はみずから魚行を営んでいました」と述べて、「小漁覇」と「大漁覇」とを明確に区別している。推測がゆるされるのであれば、これは出蕩銭の徴収方法に関する沈氏の証言と符合するものと思われ、「大漁覇」とは魚行、「小漁覇」とは魚行から派遣されてきた出蕩銭の徴収人（会計係）であろう。

## 水面の私有化とオープン・アクセス

蕩主・魚行と水面所有ないし使用についてもう少し掘り下げた議論をおこなっておこう。さきの沈永林氏へのインタビューによれば、蕩主かつ魚行であった朱林宝は、南参蕩・老人蕩・元鶴蕩・沈船兜・楊蘇蕩・三白蕩などの「水面〔使用〕権」をもっていた。張小弟氏も「朱林宝の名前は聞いたことがあります。彼女は三白蕩・元鶴蕩の水面使用権をもっていました」、徐発龍氏も「水面使用権についていは、いくつかの魚蕩は「漁覇」が管理していて、漁をするならば、さきに大洋銀一、二枚を毎日支払わねばなりませんでした。大部分の魚蕩は必要なかったです」と語っており、水面使用権という言葉をもちいて蕩主・魚行の権利を表現していた。

これらのインタビューのみでは、蕩主・魚行が所有権ないし使用権を合法的にもっていたのか（水面の私有化）、それとも「官有」の湖・蕩・河などを事実上占有していたのか（水面の私占化）判断しかねる。少なくとも、蕩主・魚行は出蕩銭＝入漁料を徴収しており、漁民（ないし漁民集団）の手には、日本の漁村のような入会権がなかったことがわかる。なお、張・徐両氏の「水面使用権」という言葉は厳密な意味でもちいられているわけではなく、解放後の集団所有制の影響を受けたものと考えられ、所有権・使用権のいずれをさすかは判断できない。

ただし、インタビューに見える、小河蕩では出蕩銭は払わず、大河蕩では蕩主・魚行に出銭蕩を支払うという事態からは、次のような背景を想定できるのではないだろうか。すなわち、小河蕩は魚・エビ類も少なく、収益もわずかなため、監視や出蕩銭徴収の人夫を雇用するのは割にあわない。その結果、とくに蕩主・魚行の権益を侵しさえしなければ、事実上オープン・アクセスの状態で万人の利用に供される。一方、大河蕩は魚・エビ類も多く、商品価値も高いので、そこに利益を見いだす者が私有（私占）化して囲いこもうとする。とくに蕩主・魚行は水産品の商品価値が高まるにつれて、水面の価値を認識し私有（私占）化を進めていった。唐宋時代の基本法典であった『唐律』『宋刑統』にも規定される「山沢陂湖は衆と共にする」（漁業自由、水面利用自由）という原則がどのように変化したかを論じる余裕はないが、水面の私有（私占）化は急速に進んだと推測される。ただし、河蕩の私有（私占）化がいかに進展しようとも、河蕩や水路は太湖流域では交通路として重要な役割を果たしていたから、一義的には公共の用に供されるべきであった。だれが船をあやつって通過しようとも、それを阻止されることはなかったし、収益の見こめる大河蕩をのぞけば、停泊しようが、小魚・小エビを捕獲しようが、事実上のオープン・アクセスとなっていたものと考えられる。

こうした水面をめぐる権利形態が合法的な私有化なのか、官との結託による事実上の私占化なのか、現在のところ、明確でない部分も残されている。しかし、いずれであれ、湖・河・蕩・水路を無主と考えるよりは、むしろ、水面の私有化ないし「官有」水面の私占化が進展しながらも、公共の用に供されてきたという事実が、完全に排他的な私有（私占）を相対化させ、停泊地・交通路・自給自足的漁撈の場として開放させたものと見なしたほうがよいのではないだろうか。

太湖庁檔案で交通上の問題から、魚斷・魚簾の撤去が要求されたのは、「たとえ私有（私占）の河蕩・水路であれ、これまで交通路として公共的に利用されてきた厳然とした事実を背景として、交通を阻害するほどの私物の設置は許さない」という観念が表出したものと考えられる。

湖・河・蕩・水路をふくむ内水面は、利用価値に応じて私有（私占）化されながらも、入漁料を徴収する排他的・制限的な場合と、他者の利用にほとんど制限が加えられないオープン・アクセスの場合とに分けられる。太湖流域漁民は基本的に極貧であり散居して、ほとんど集団を形成することもなく、かつ零細な漁撈のゆえに共同操業を必要としなかったことなどを考慮すれば、彼らが水面＝漁場をめぐって日本の漁村に見られたような入会＝漁場の総有という事態を生ぜしめる余地はなかったのであろう。

## 太湖流域漁民とコモンズを考える

一九四九年以前、すなわち中華人民共和国成立以前、太湖流域漁民は基本的に陸上に固定した家屋や土地を所有せず、河蕩などの内水面で漂泊・漁撈の生活を送っていた。彼らは一般的にきわめて貧しく、各地に分散して、共同操業をおこなうようなこともなかった。ゆえに水面（漁場）についても日本の漁村のような入会＝漁場の総有といった状況は確認されず、彼らは水面に関してまったく何の権利ももっていなかった。つまり、彼らの生活形態・漁撈活動に何らかの共同性を見いだすことはできなかったのである。

ところで、経済学・社会学・民俗学などでもちいられる学術用語にコモンズがある。コモンズとは「複数の主体が共的に使用し管理する資源や、その共的な管理・利用の制度」と定義され、共同管理する資源のみを対象とするのではなく、その管理・利用までをも視野に入れようとするものである。

コモンズの視点から見るし、太湖流域漁民の生活形態・漁撈活動には「共同性」が見られない。すなわち、コモンズはなかったことになる。

しかし、私有化された水面ないし「官有」の水面が開放され、事実上オープン・アクセス状態とされたとすれば、コモンズ的なものが存在した可能性は十分にありうる。オープン・アクセスとされた水面であれ、蕩主・魚行が私有（私占）した水面であれ、ともに限りある資源である以上、無制限に漁撈や採集を続ければ、持続可能な利用は不可能となる。ところが、そうならず現在にいたったとすれば、漁民のあいだ、あるいは蕩主・魚行—漁民間に水面利用をめぐって構築されたシステムのなかに、何らかの「コモンズ的な管理・利用の制度」があったということになろう。たとえば、「官有」を標榜していて私有（私占）化を阻みながら、現実にはほとんど認識されないままに「生活弱者」である農漁民に緩やかに開放されていたとも想定できる。

筆者はすべての社会にコモンズを想定しているわけではない。しかし、資源を利用・管理するシステムのなかに持続可能な利用を実現するためのメカニズムが無自覚のうちに内包されていた可能性も否定できないのではないかと考えている。太湖流域の船上生活漁民をめぐる社会関係は不明な点がいまだ多く残されているが、今後さらに資源管理・利用の側面からの解明が必要となるであろう。

# 第7章……近現代の水上世界と今もなお生き続ける〝伝統〟

## 1 近現代国家による船上生活漁民の掌握と陸上定居の試み

### 船上生活漁民研究の拡がり

前章では、おもに太湖流域の船上生活漁民の生活と共同性に焦点をしぼって話を進めてきた。本章では、彼らの戦後の歩みを中心に国家や地方政府とのかかわりを見ていくことにしよう。ここで研究史上の簡単な位置づけをおこなっておくと、太湖のような内水面や外洋で漂泊・漁撈する船上生活漁民は、これまで東・東南アジアの歴史学・文化人類学のなかでも重要な研究対象として少なからず取り上げられてきた。代表的な船上生活漁民の分布を図示してみたい（図7-1）。この図を一瞥すればわかるように、船上生活漁民は日本列島をはじめ、朝鮮半島、中国大陸、香港、ベトナム、マレーシ

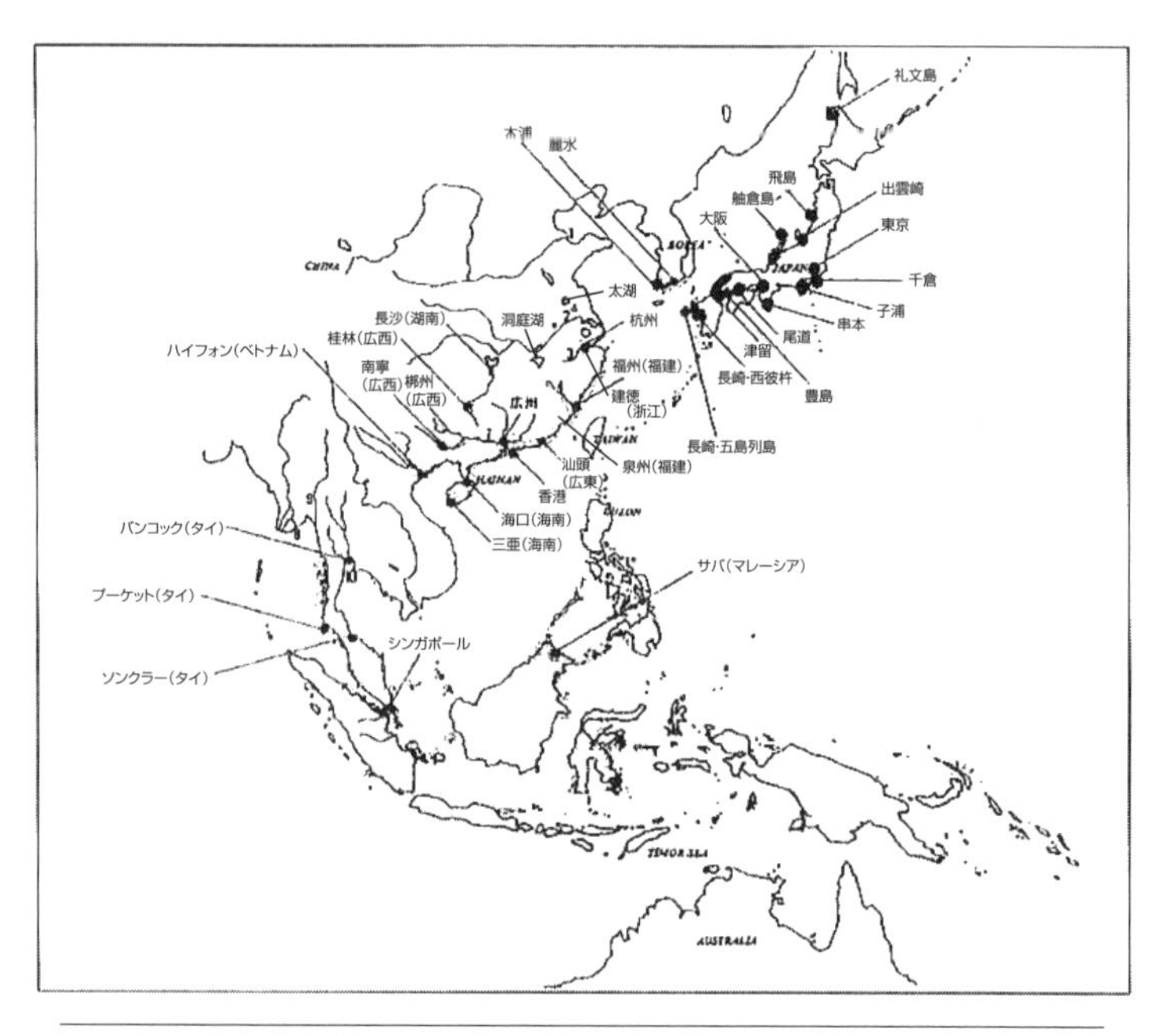


図7-1●東・東南アジアにおける家船居住の分布（浅川滋男「東アジア漂海民と家船居住」『鳥取環境大学紀要』創刊号、2003年を加工)。

ア、フィリピン、インドネシアなど――台湾や沖縄は台風の通り道であったため分布していなかったとされる――広範囲に跨がって分布していた。こうした船上生活漁民に関して、羽原又吉は「漂海民」という語を提示しながら、次のように定義している。①土地・建物を陸上に直接所有しない、②小舟を住居にして一家族が暮らしている、③海産物を中心とする各種の採取にしたがい、それを販売もしくは農産物と交換しながら、一カ所に長くとどまらず、一定の海域をたえず移動している。

このように定義すると、東・東南アジアの漁民は、日本に見られるような固定した漁村に共住しながら漁撈に従事する漁民よりも、むしろ右のような船上生活漁民――本書でもちいる船上生活漁民の語は漂海民のように「海洋」のみを活動の場とするのではなく、「内河」や「湖沼」をもふくんでいる――を想起したほうがよいのではないかと思われる。たとえば、有名な船上生活漁民としては、日本の家船（瀬戸内海ではエブネ・エフネ、長崎ではエンブ）、中国の九姓漁戸（浙江省銭塘江流域）、福佬（ふくろう）・白水郎（福建省沿海・閩江流域）、蛋民（たん）（広東省沿海・珠江流域）、潭戸（たん）（江西省湘江流域）、マレーシア半島先端のジョホール地方・スマトラ島東岸・ボルネオ西岸のオランラウト（Orang-laut）、ミャンマーのメルグイ諸島周辺のモーケン（Mawken）、ボルネオ西北岸・ミンダナオ南岸からスラウェシの海岸線と周辺島嶼を遊動するバジャウ（Bajau）と呼ばれる人びとがあげられるだけでなく、東・東南アジアの各地には船上生活をいとなむ漁民が他にも多数存在したからである。これら船上生活漁民についてはすでに野口武徳、関恒樹、長沼さやから文化人類学者を中心に多様なアプローチがなされている。

## 南京国民政府と魚行――新たな歴史文献を発掘し読み解く

本章では、右のような研究成果をふまえたうえで、歴史文献とフィールドワークの両方から、太湖流域漁民の歴史と現在にアプローチしてみたい。近現代史における太湖流域漁民を研究しようとすれば、いまだ研究者の目にとまっていない、新たな歴史文献の発掘をおこなうことはもちろん、フィールドワークによる口碑資料の収集は不可欠である。なぜなら、中国の場合、歴史文献、とくに県市や郷鎮レベルの地方性の強いものが、いまだに各地の檔案館や図書館に眠ったままとなっており、十分な掘り起こしが進んでおらず、また一方で、太湖流域の現地には、中華人民共和国成立前後のきわめて混乱した時代を乗り越えてきた生き証人がいまなお存在するからである。

そこでここでは、二〇〇四年以来、筆者が継続実施してきた太湖流域漁民調査プロジェクトの成果として、新発見の歴史文献と太湖流域の漁民へのインタビューを中心に紹介・分析しながら、近現代の船上生活漁民について、より掘り下げた議論をおこなってみたいと思う。

かつて筆者が上海市青浦区檔案館を訪れ――当時はまだ江南デルタの区レベルの檔案館をくまなく歩いて文献をさがそうという研究者は少なかったように思う――、所蔵文献の閲覧を実施したさい、偶然にも興味深いものを〝発見〟した。それは「〔青浦県(民国期までは県、現在では区と改称された)〕

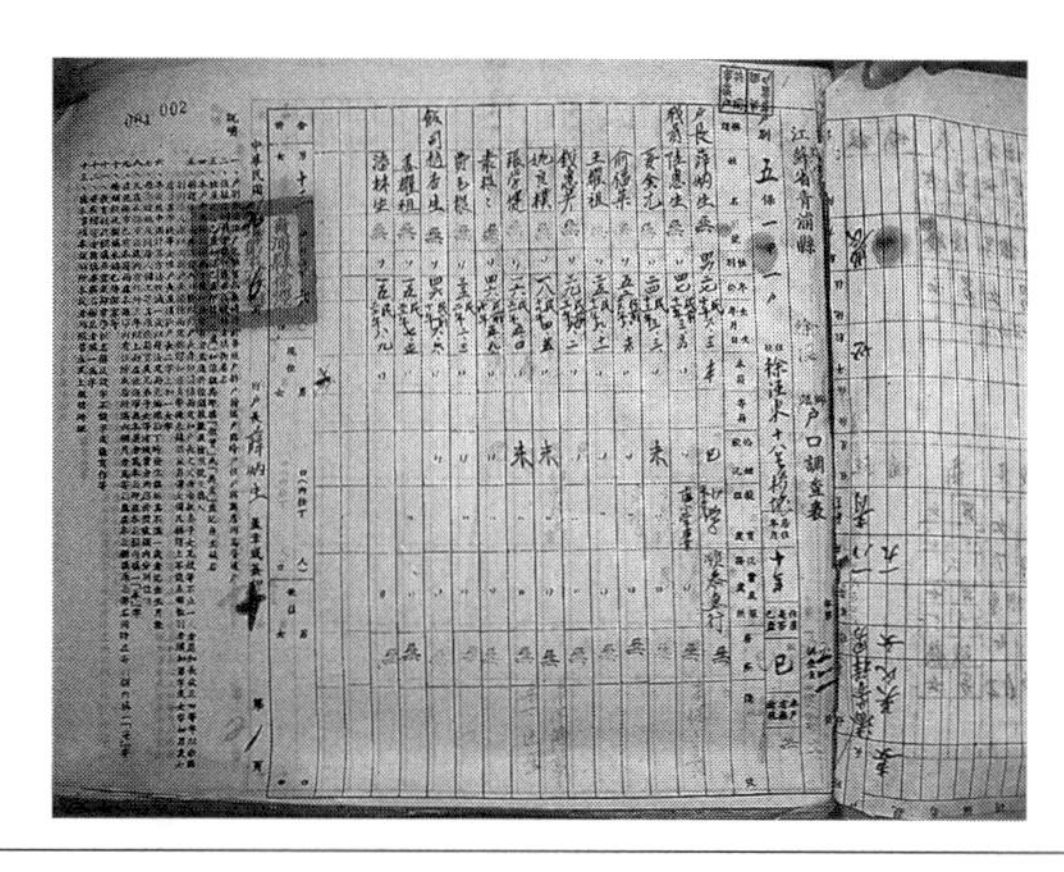

**図7−2●**「郷鎮戸口調査表」の記入用紙（第五保第一甲第一戸）。こうした戸口冊がまとまって残存していることは珍しい。詳細な家族情報がふくまれるため、検討・分析する価値は大いにある。

徐涇鎮第四保・第五保戸口調査表」と題された戸口冊（戸籍簿）である（図7-2）。記載によれば、一九四七年六月に作成されたもので、現在の住民票のように現居住地で登録されたものと考えられる。このような戸口冊はこれまでほとんど紹介されたことがなく、その発見・分析はさまざまな方面に新たな知見をもたらすものと期待される。

ここではすべての情報を記す紙幅はないから、いくつかの興味深い点のみを指摘しておくことにしよう。まず船上生活漁民は、「第五保」と呼ばれる、当地の保甲制度（戸籍管理・治安維持などのために政府が民間を組織・編成したもの）の「第五」に割り振られたもののなかに多数確認することができた。戸籍簿の冒頭には、「船戸（船上生活漁民）の停泊はひとしく老宅鎮（青浦県のなかの一市鎮）にある」と記されており、徐涇鎮の「第五保」の船上生活漁民はすべて老宅鎮という市場町の埠頭で戸籍に登録されていたことがわかる。これら「第五保」の漁民は一二三戸（世帯。具体的には船の隻数をあらわす）、五七一人を数えたが、地元の青浦県の者は三六戸、一七八人と約三分の一程度にすぎず、他県（嘉定、太倉、興化）に本籍のある者が八六戸、三九三人を占めていた。嘉定・太倉の両県は青浦県に隣接していたから、江南デルタ内部での移動・移住と見なすことができる。それに対し、興化県は長江の北方にあたる「蘇北」と呼ばれる江蘇省の北部にあたり、そこから移動・移住してきた漁民は一八戸、七〇人と決して少なくはない。このように「蘇北」から長江を渡り、上海を中心とする江南デルタへという大きな移動・移住と、江南デルタ内部において再移動・再移住を繰り返す域内移動の二つを想定できよう。

## 老宅鎮と船上生活漁民

では、なぜ船上生活漁民は老宅鎮という市場町で戸籍に登録されたのであろうか。青浦県の地名について解説した青浦県志編纂辦公室他編『青浦地名小志』には、老宅鎮の項目において次のような解説が付されている。

老宅鎮は（中略）民国期に発展して小集鎮（小さな市場町）となり、軋米廠（精米所）、米行（米問屋）、茶坊（茶店）、烟糖雑貨商店（たばこや砂糖などをあつかう雑貨商店）などがあった。本鎮は繁栄し、店舗は林立して、商店街は一里（約〇・六キロメートル）の長さにおよび、一〇〇〇人ほどが集まり住んでいた。そのとき魚行（魚問屋）の老板（経営主）の薛姓と姚姓の二人は、全県（青浦県）の水産業を壟断し、投機的な販売をおこなった。ゆえに水産業はとくに盛んであった。解放後、魚行が北崧鎮に移ったため、商店や交易（売買）の拠点は次第に徐涇鎮へと移り、老宅鎮の商業は衰退して村落になってしまった。現在では、住民の世帯数は七〇戸、人口数は約三〇〇人である。

こうしてみると、民国期の老宅鎮は小さいながらも、薛姓と姚姓という二つの魚行を中核として経済的な発展を遂げ、まさに水産業の町の観を呈していたことがわかる。

ところで、これら二つの魚行は「第四保」ないし「第五保」の戸籍簿中にその名を発見できるのだろうか。これが「第五保」にみごとに見いだせる。「第五保」筆頭の第一甲第一戸には「薛炳生、二十七歳、青浦籍、順泰魚行」（図7-2）、第二甲十五戸には「姚秋熊、三十八歳、青浦籍、同泰魚行」との文字が確認でき、これら順泰・同泰の二つの魚行が『青浦地名小志』に記されたものであったことが判明する。また、第一甲第二戸には「姜耀文、四十三歳、上海籍、順泰魚行、本保保長」とあって、順泰魚行の姜耀文なる人物が上海籍の人であり――その他の順泰魚行関係者も多くが青浦人ではなく上海県人であって、大都市上海と漁民のあいだにあって、水産物の取引に従事していたと推測される――、かつ「第五保」の保長――さらに別の文献には、彼が徐涇鎮の鎮長、徐涇郷の郷長にも任じられていたことが記されていた――でもあった。

このように老宅鎮では、順泰・同泰の二つの魚行、とりわけ順泰魚行が保甲という行政制度を通じて重要な役割を果たしていた。船上生活漁民の立場から見れば、とくに順泰魚行の姜耀文は、行政的には郷長・鎮長・保長であり、経済的には魚行関係者であった。ここに水産業の市場町であった老宅鎮の魚行が、本鎮の埠頭を中心として拡がる漁民社会に対して、強力な支配力を発揮しえたことは、容易に想像できよう。

## 魚行と「漁覇」

さらに文献を補ってみよう。徐涇志編纂委員会編『徐涇志』には「旧時、漁民は「漁覇」に河蕩費を支払わねばならず、獲った魚類を持ち込んださいにも搾取されたため、漁民の収入ははなはだ少なく、生活はかなり困窮していた」とある。ここにいう「漁覇」とは前章で言及したとおり、魚行の経営主をさしている。彼らは右に見たように、行政的にも経済的にも漁民に対して圧倒的な力を有していたから、陸上世界の「悪覇地主」になぞらえられて水上世界の「漁覇」と称されたのであろう。

こうした関係を簡単に整理してみると、魚行―漁民関係は本来ならば、捕獲した魚・エビなどを取引するという経済的かつ私的なものであったはずが、南京国民政府が魚行関係者を保長などに任命し、水上保甲を編成することで、政治的かつ公的な関係へと変質したと考えられる。南京国民政府も船上生活漁民と、消費者としての陸上世界の人びととの結節点に位置する魚行をうまく統治機構内部に取り込んで利用することで、効率的に非定住の船上生活漁民を掌握・統制し、自らの権力を浸透させていこうとしたのである。その理由はここでは検討できなかったが、戦時下における徴兵や治安維持、水上運輸などの問題が背景にあったものと推測される。

逆に中華人民共和国成立後は、かつて公的な外被をまとって漁民を支配し、彼らから搾取・収奪した魚行が、場合によっては水上世界の悪玉＝「漁覇」と批判され、革命の闇のなかへと消えていったのであった。筆者は「漁覇」とされながらも、逃亡を勧められても逃亡せずに北厙鎮にとどまり、最終的に共産党によって射殺（槍斃）された朱林宝（前章を参照）の後裔にインタビューしたことがある。貧困な漁民たちが彼女の名前を、笑みを浮かべながら口にしたのとは対照的に、その後裔にあたる人物は実名を公表しないことを約束したうえでこっそりとインタビューに応じてくれた。国民党と共産党とのあいだの支配者の交替は水上世界にも大きな波紋を残したのである。

## 中華人民共和国の成立と漁民の集団化

戦後の太湖流域の船上生活漁民と国家をめぐる関係は、短い時間のうちに目まぐるしく変化していった。

**図7－3**●漁民協会の徽章。直径2.5cmほどの小さなもの。会員すべてに配布されたと推測される。

まずは一九四九年における漁民協会の登場である。共産党はすでに農民を対象として結成されていた農民協会に対応する組織として漁民協会を設立し、船上生活漁民の掌握を試みた。歴代中国の王朝や中華民国（国民党）が漁民をほとんど統治の埒外においてきたのとは大いに異なり、共産党は本格的に漁民の統治に着手したのであった。ただし、現在のところ、漁民協会に関する歴史文献はきわめて少ない。こうしたところにインタビューが力を発揮する余地がある。

たとえば、呉江市蘆墟鎮栄字村（一般には漁民が陸上定居＝陸上がりすると、農民とは別に漁業村を建設するなかにあって、ここは珍しく両者が混在した半農半漁の村だった）の陳連舟氏は、みずからが参加した浙江省嘉善県の西塘区漁民協会の徽章を筆者にうれしそうに見せてくれた（図7-3）。氏によれば、当県では一九四九年に西塘鎮に西塘区西塘鎮漁民聯合会が設けられ、その後、管下に魏塘・西塘・天凝・干窰の四つの漁民協会をふくんだ嘉善県漁民協会籌備委員会が成立した。入会漁民は二〇二一戸、七九〇四人であったという。しかし、漁民協会は長くても五〇年代半ばには解散しているので、建国直後の臨時的な組織の意味合いが強く、入会登録や漁撈活動の奨励以外には、ほとんど積極的な意義を見いだせないようである。

五〇年代半ばになると、漁業生産合作社と捕撈（水産）大隊が出現した。建国初期のみの漁民協会が解散したのち、大雑把にいって、互助組→漁業生産合作社（場合によっては初級合作社→高級合作社）→捕撈大隊という共産党の指導下における集団化の道をたどることになる。とくに漁業生産合作社と捕撈（水産）大隊は、大躍進～人民公社期とほぼ重なっており、船上生活漁民の本格的な組織化・集団化を担っていたといえる。

たとえば、呉江市と青浦区では、互助組→漁業生産合作社→捕撈（水産）大隊と変遷し、青浦区では五六年ごろに成立した漁業生産合作社に参加した漁民は一五九二戸で、全漁民の八三％を占めた。五八年になると、一つの漁業人民公社（解放人民公社と呼ばれる。漁民の場合、「解放」の語を冠する事例が多い）と一六の水産大隊（農民人民公社の管下におかれたもの）が成立した。

一方、嘉善県では互助組→初級合作社→高級合作社→水産大隊と発展を遂げていった。まず五四年に二つの互助組が初級合作社へと試験的に移行し、二八戸が入社した。五五年には全県で一〇の初級合作社（入社戸数は一六一戸）、五六年にはふたつの高級合作社（入社戸数は八五〇戸→八九九戸→九〇六戸と次第に増加した）が成立し、さらに五八年には公社化が進められ、魏塘・西塘など五つの公社に水産大隊として分属することになった。このように船上生活漁民の組織化はわずか数年のあいだに目まぐるしく移り変わり、急速に集団化が進められていくことになった。

こうした集団化の過程で、これまでたいした漁具を所有せず、たえず移動しながら個別に漁をしていた船上生活漁民は集体所有(個々に所有していた漁具を買い上げて公有とする)、労働按配(計画的な労働時間・労働力の配分)など、生産面でも組織化がなされていった。しかし、この時期の漁民はなお船上生活を継続していて、互助組・生産合作社・捕撈(水産)大隊ごとに、ある程度まとまって集中的に船を停泊させ、共産党の管理・統制にしたがっていたと考えられる。その一方で、このときの経済政策に対する評価は後世にあっても決して芳しくなく、『嘉善県志』には「一九五〇年代後半から相当長時間にわたって〝左〟傾化した経済政策の影響を受けたため、漁民の生産に対する積極性は高まらず、くわえて水産資源の減少などもあって生産は進まず、生活は困難であった」と厳しい批判が加えられている。

## 一九六八年の漁業的社会主義改造(漁改)

一九六八年にいたると、共産党は太湖流域の船上生活漁民の本格的な社会主義化に取り組むようになる。いわゆる漁業的社会主義改造(漁改)である。一九六八~七〇年代初の文化大革命の前半と一致する時期には、これに呼応して、太湖流域の各地において「連家漁船社会主義改造」(漁改)が実

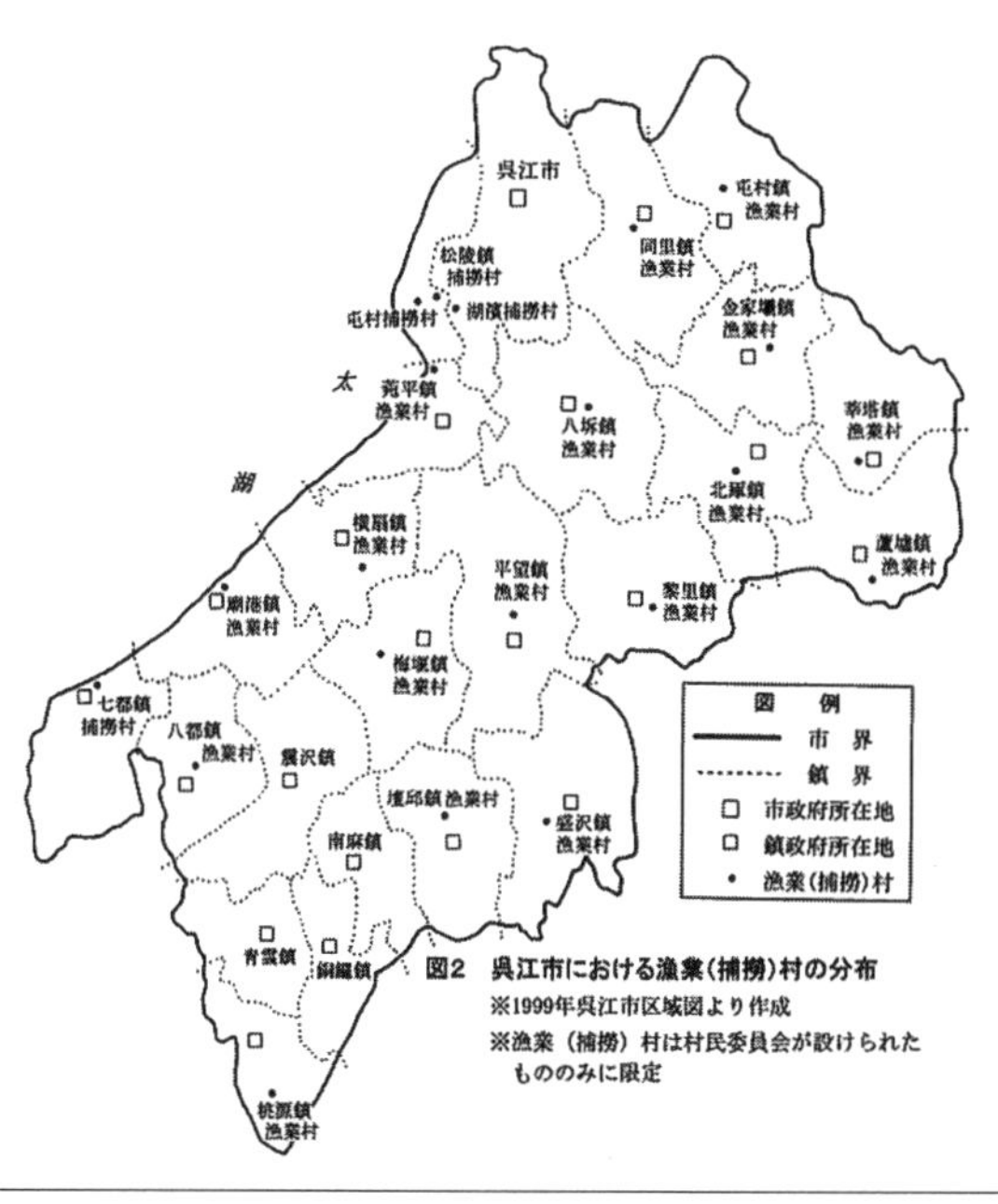


**図7－4**●呉江市における漁業（捕撈）村の分布。漁業村は多くの場合、市鎮本体に設けられることが多い。市場（いちば）と水産品とのかかわり、および政府による管理の便を考慮したものであろう。筆者作成。

施・展開され、船上生活漁民の生活はこれまでと一変することになる。最初に取り上げるべきは、「陸上定居（陸上がり）」と漁業（捕撈）村の成立であろう（図7－4）。

六八年に呉江市では、呉江県革命委員会が「淡水捕撈漁業社会主義改造の加速と、国家・集体（集団）漁業生産を保護する通知」を発令して漁改を開始した。同市内の平望鎮では、同年五月二七日に「陸上定居大会」を開催し、漁改開始を宣布するとともに、漁業大隊が土地を徴用することを宣言した。黎里鎮では六九年、大平蕩に漁業村を建設、陸上定居を開始した。同年冬には、蘆墟鎮でも三〇戸ほどの漁民が大渠蕩の南岸に搭棚（草掛け小屋）を建て、あるいは漁船を湖岸に引き上げて居住しはじめた。しかし蕩を埋め立て水田として耕作を開始したものの、これには失敗、漁民は続々と離れて、もとの船上生活にもどってしまい、本格的な陸上定居は七〇年代をまたねばならなかった。つまり共産党の思い描くとおりに、陸上定居は簡単には進まなかったのである。

このように成功と失敗を繰り返しながらも、八五年ごろまでには、二六の漁業村が建設され、漁民総戸数三五二七戸、一万四六二〇人が陸上定居を完了した。青浦区でも一九六六〜七三年に次々と新家屋が造成され、船上生活漁民の陸上定居は基本的に完了している。『青浦県志』によれば、九〇年の時点で、解放郷（前述のとおり、漁民には「解放」の文字がよくもちいられる）に二〇、他の郷に一四にもおよぶ漁業（水産）村が成立したという。また『嘉善県志』によると、嘉善県では、六八年に連家漁船社会主義改造がはじまり、一九の漁業生産大隊（水産大隊）が一二〇〇棟以上の家屋を建設、八五％の船上生活漁民の陸上定居が実現されたとされる。このようにして連家漁船に乗って捕魚しながら、浮き草のように移動する、漁民の非定住の船上生活はついに終わりを告げ、陸上の漁業（捕撈、水産、漁民）村に家屋を所有して、定住生活を営むようになったのであった。

## 水上漁撈から農地耕作への転換の試み

右において船上生活漁民が陸上定居（陸上がり）し漁業村を建設したことを述べてきたが、これを移動する漁民の固定化・定住化と理解するだけでよいのであろうか。やはり当時の政治的なスローガンであった「糧をもって綱となす」の方針のもと、糧食生産が強調され、湖蕩を埋め立てて耕地を拡大する「囲墾」が同時に進められていたことを忘れてはならない。

では、この「囲墾」は漁民に何をもたらしたのであろうか。ここでは漁民の視点に立ちながら、漁改の実態を理解する必要があるように思われる。若干の船上生活漁民へのインタビューを紹介しつつ検討してみることにしよう。

一九六八年から呉江市の蘆墟鎮漁業村の会計や主任を歴任した孫定夷氏（六〇歳）によれば、蘆墟鎮において大渠蕩が囲墾され、三つの蕩田（耕地）が造成されたさい、囲墾に参加した捕撈大隊（漁民）、蘆北大隊（農民）、甘渓大隊（農民）にそれぞれ分配された。しかし、漁民は農地耕作の方法を知らなかったため、鎮から農業指導員を招いて指示をあおいだが、生産性は低いままで、結局再び掘り起こして養魚池とし、魚・エビ類を養殖したという。成功不成功を問わず、こうした事例がほかにも確認できることからすれば、陸上定居、漁業村の建設と並行して推進された囲墾とは、漁民の生業を相対的に不安定な水上漁撈（水産業）から、安定的な農地耕作（農業）へ、換言すれば、漁民を農民へと転換させようとしたものであったことがわかる。

図7-5●かつての漁民小学と沈永林氏（2005年12月26日、筆者撮影）。彼の自宅が小学として使われていた。背後に黒板が見える。

図7-6●『漁民看図識字』の表紙（筆者撮影）。管見のかぎり、こうした漁民・船民向けの教科書は珍しい。このほか、政治読本も残されている。

二〇〇五年一二月二三日、八圻鎮漁業村でインタビューした王和尚氏（漁民、七二歳、図7-16）はため息をつきながら、次のようにもらした。「あのころは仕方がなかった。工分（労働点数）を得ないとね。農業をしないと食べていけないし、漁ならばできるけど、耕作はまったく学んだことがなかったから。腰が曲がって疲れたよ」。その後の囲墾に対する評価も決して高いものではなく、「多くの湖沼を囲墾して糧食を生産しようとしたことで、かえって天然資源は減少した」とむしろ酷評されている。

## 漁民小学の設置と漁民への義務教育

最後に、共産党による漁民の子弟への義務教育の実施と「国民化」について簡単に概観しておきたい。中華人民共和国成立以前、太湖流域

図7－7

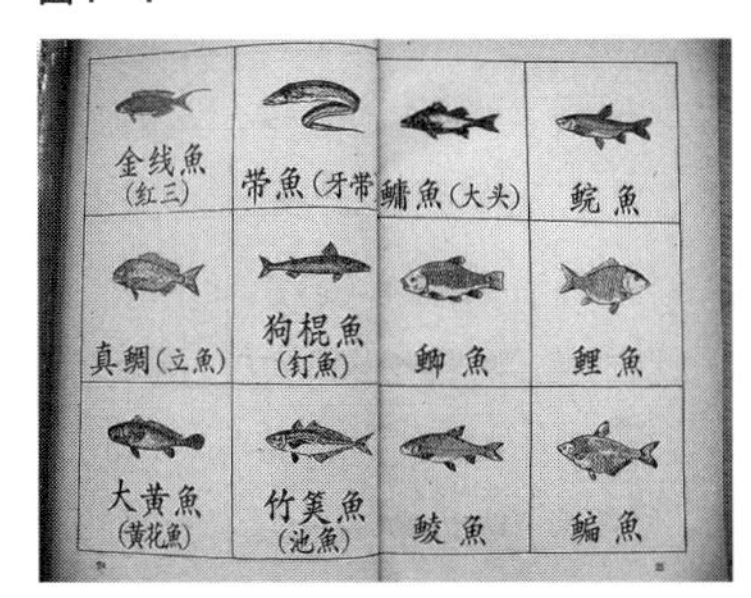


図7－8

図7－9

図7－10

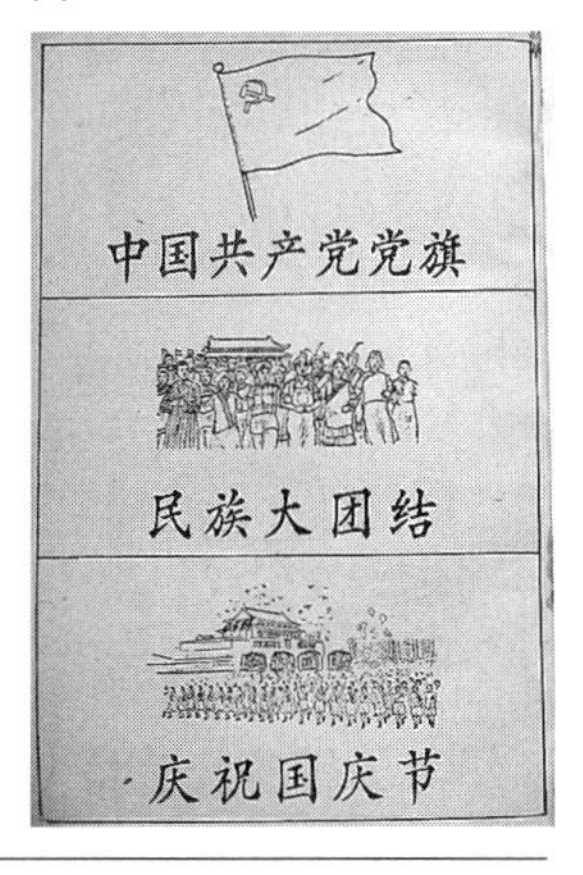


図7－7●『漁民看図識字』の内容①。広東で出版されたため、淡水魚ではなく海水魚が学習されている（筆者撮影）。

図7－8●『漁民看図識字』の内容②。図7－12と同じように、いずれも毛沢東・周恩来・劉少奇・朱徳の名が見える（筆者撮影）。

図7－9●『漁民看図識字』の内容③。軍事関連のものが多いのは漁民を海洋における最前線に位置づけていることを示しているのだろうか（筆者撮影）。

図7－10●『漁民看図識字』の内容④。共産党のもとに団結する民衆・民族像を打ち出している（筆者撮影）。

漁民の子弟への義務教育はまったくといってよいほどおこなわれていなかった。筆者の知るかぎりでは、わずかに農村の私塾にかよった例を見るのみであった。共産党は建国後に漁民の義務教育にすみやかに着手したと考えられるが、当初から一般の農民と同じ学校において実施したのではなく、しばらくのあいだ、漁業小学なる学校が漁業村内に設けられ、そこで授業がおこなわれていた（図7-5）。実際にどのような授業がおこなわれたかは、漁業小学の存在期間が短いために定かではないが、筆者が上海図書館で〝発見〟した漁民用の二種類の教科書――『漁民看図識字』（広東人民出版社、一九五六年、図7-6〜10）、『漁民船民看図識字』（湖南人民出版社、一九五七年、図7-11〜13）――を題材として少し考えてみたいと思う。

二つの教科書はいずれも、最初は数字・度量衡のほか、「老公公（おじいちゃん）」「哥哥（お兄さん）」「弟弟」「洗臉（洗顔）」など、日常生活の簡単な単語を学んだのち、魚類（図7-7）や各国の商船などいかにも漁民の生活に密着したものが取り上げられる。その後、中華人民共和国の領土や国旗（図7-8、図7-11）、共産党旗（図7-10、図7-12）、毛沢東・周恩来・劉少奇・朱徳といった共産党指導者（図7-8、図7-12）、人民解放軍と海防（台湾解放を念頭においたもの。図7-9）など、中華人民共和国の枠組みと共産党の指導の正当性について学習させ、最後に「民族大団結」「向社会主義前進」（図7-10、図7-13）と中華民族の団結および社会主義国家の建設を訴えるかたちで締め括られている。

図7-11

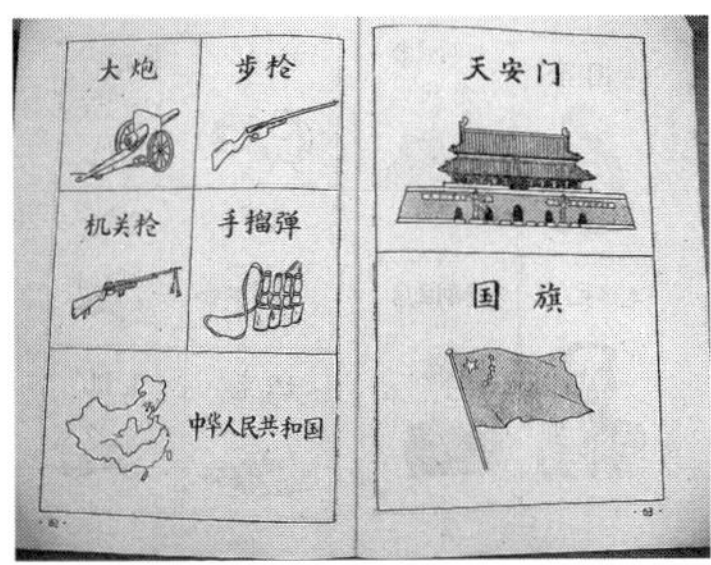


図7-12

図7-13

図7-11●『漁民船民看図識字』の内容①。領土、天安門、国旗という中国を象徴させるもののほか、軍事的なものも見える（筆者撮影）。

図7-12●『漁民船民看図識字』の内容②。湖南省沅江県の船民を対象としていることがわかる（筆者撮影）。

図7-13●『漁民船民看図識字』の内容③。「漁業生産合作社」の文字も見え、船民（おもに河運に携わる）だけでなく、漁民をも対象として編纂されたと思われる（筆者撮影）。

こうした教科書を見ると、一九五〇年代の船上生活漁民に対する義務教育――これらの教科書は太湖流域ではなく、湖南省の内水面の漁民・船民（おもに水運業に関わる）や広東省の外洋漁民を対象としたものと考えられるが、船上生活者には基本的に同様の配慮がなされていたと推測できる――は、ほぼ一〇〇％文盲であった漁民に文字を手ほどきするとともに、漁撈生活に密接な関係をもつ知識を身につけさせ、さらには中華人民共和国＝共産党の指導下における漁民の「国民化」を強力に推進しようとするものであったといいうる。もちろん、都市民や農民の教科書とも比較すべきであり、それらも類似した内容を有した可能性は少なくないが、それまでほとんど教育に無縁であった船上生活漁民に文字のみならず、中華人民共和国の国民としての意識をも植え付けていこうとする共産党の鞏固な方針を看取することができるであろう。

## 2 生き続ける「伝統」的紐帯

### 船上生活漁民と王朝・国家

これまで見てきたように、太湖流域の船上生活漁民と王朝・国家との関係は、清朝時代には犯罪者ないし被差別民として取り扱われるか、治安維持をのぞいてほとんど無関心のまま放置されてきた。

その後、中華民国から中華人民共和国にかけて近代的な国民国家が成立すると、政府は船上生活漁民を「国民化」しようと試みはじめ、戸籍に登録するだけでなく（前述のように、徴兵・水上運輸などとの関係が想定される）、生活（船上生活から陸上定居へ）・生業（水上漁撈から農地耕作へ）を転換しようとしたり、統治の正当化をめざした義務教育を施したりしてきた。

そこでは、「囲墾」のようなかなり強引な政治的手段ももちいられたようであるが、話は政府の意図どおりには必ずしも進まず、船上生活漁民――現在では、陸上生活をいとなむ者が増えたが、それでも高齢者を中心に少なからぬ者が国家からあてがわれた陸上の家屋を離れ、慣れ親しんだ船上生活にもどってしまっている――の「国民化」はいまもなお重要な課題として存在し続けており、「国民化」の途上にあると考えられる。

## 漁民中の宗教的職能者＝「香頭」と「香客」

たとえば、船上生活漁民の自己同定認識（アイデンティティ）は、中華人民共和国や共産党といった国家的政治的イデオロギーよりも、むしろこれまで地域社会や王朝・国家の周縁に位置づけられるなかで培われてきた。伝統的な言語・風俗・習慣といったものに、いまもなお身をゆだねたままであるといってよいであろう。現在も漁民集団内部の同族・姻戚関係、同郷関係を紐帯とした生活をいとなみ、市鎮（市場町）の都市民や農民とは、魚・エビなどの取引など、最低限の経済的関係を結んで

図 7-14

図 7-15

図 7-16

図 7-17

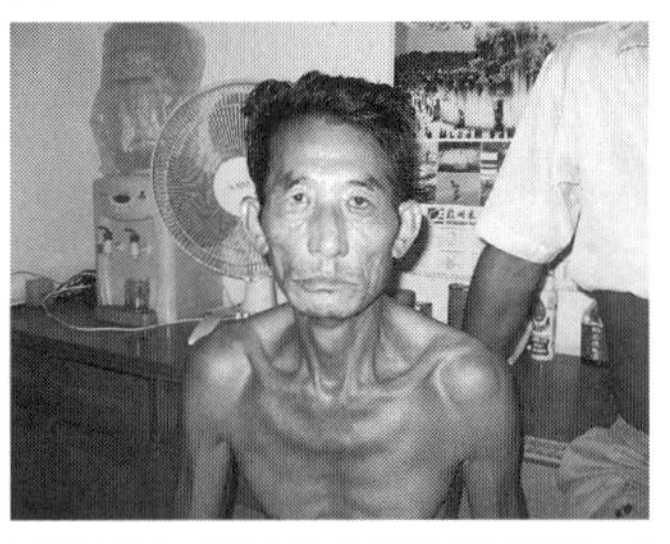

**図 7-14**●網船会に集まった太湖興隆社徐家公門の人びと（2005年4月6日、筆者撮影）。「舞龍」を控えてうれしそうに談笑するメンバー。多くの若者が参加しているのが目を引いた。

**図 7-15**●太湖興隆社徐家公門の徐貴祥氏（2005年12月22日、筆者撮影）。漁民には文盲の者が多いなか、徐氏は私塾に通い、文字の読み書きができる。

**図 7-16**●嘉興南六房の劉小羊氏（左）と王和尚氏（2005年12月23日、筆者撮影）。劉氏は「香頭」。神の意志を確認する「ポエ」という道具をもっていた。

**図 7-17**●北六房の孫根栄氏（2006年8月26日、筆者撮影）。若いころ、「破四旧」のさいに監禁されたため、現在でも体調が悪いなか、息子とともにインタビューに応じてくれた。

いるにすぎないし、集団の外部に拡がる地域社会とのあいだに「共同性」を見いだすこともほとんどできない。さきに同郷関係と記したが、それは戦後共産党によって政策的に建設された漁業村とはまったく関係がなく、漁民たちは村内に所有する土地や家屋との結びつきも相対的に重視してはいないことに注意する必要がある。

筆者がフィールドワークをもちいながら船上生活漁民の生活に密着していくなかで、自然と浮かび上がってきたのが「社」「会」と呼ばれる組織・団体であった。この「社」「会」の中核部分には「香頭」と称される特定の家系内で継承されてきたリーダーが位置している。この「香頭」は神降ろし（上身）ができるような宗教的な特殊能力を身につけており、神霊とつながってその意志をうかがうことができるうえ、治病などを施したり、祭祀活動（図7-14）において賛神歌を唱ったりするなど、まさに宗教的職能者と呼べる人物であった。歴史文献にその存在を求めると、「神漢」と表現する場合が見られた。

漁民集団内の他の漁民は「香客」として、「香頭」が主宰する祭祀活動に参加する。両者のあいだには治病やご託宣などを通じて宗教的価値観が共有され、集団内部の凝集性が高められていた。こうした「社」「会」は、筆者が密着取材した「太湖興隆社徐家公門」の場合には徐姓（口絵6、図7-15）、「嘉興南六房」の場合には劉姓（図7-16）、「北六房」の場合には孫姓（図7-17）というように、中核部分こそは「香頭」の血縁関係によって占められていたが、「香客」をふくむ組織全体としては、同族関係が組織内部に占める比率は低く、むしろ後述するような地縁的結合が主要な紐帯となっていた。

## 太湖流域漁民の「共有された移住の記憶」と〝蘇北人意識〟

では、船上生活漁民の集団である「社」「会」における地縁的結合とは何をさしているのであろうか。さきには、現在の漁業村に対して漁民がほとんど何のアイデンティティも有していないことを述べたが、船上生活をいとなんでいた漁民たちの〝地縁〟とはいったい何を想定すればよいのだろうか。

ここで筆者が指摘したい地縁とは、漁民集団の祖先がいつごろどこから移住してきたかということである。実際のところ、太湖流域の船上生活漁民は多くが地元の者ではなく、江蘇省北部の蘇北、山東省など、長江以北からの移住者であった。彼ら船上生活漁民のあいだに一般的に流布する故事伝説によれば、太平天国の乱（一八五一〜六四年）のさいに、難を避けて船で長江以北から太湖流域へと移動してきたのだという。筆者のインタビューでも、彼らは故郷の蘇北や山東を離れ、太湖流域に移住してすでに数世代をへたとしても、移住の過程を忘却することはなく、明確に記憶していた。つまり、「共有された移住の記憶」が重要な役割を果たしているのであり、彼らの結合の紐帯となっていたのである。

このように祖先の共有の故事を有し、いまもなお蘇北・山東以来の鞏固な伝統的「共同性」や言語・風俗・習慣を保持し続けてきた船上生活漁民が、そうした紐帯を新天地での生活を保証し安定させる機能をもつものとして簡単には手放さなかったのは当然であった。しかし、それがかえってみずからを移住先の江南デルタ社会に溶け込みにくくさせ、新たな共同性を創出する機会を失わせる結果となり、図らずも江南デルタの地域社会から隔離された状態におく、あるいは周辺へと追いやることになってしまった。

市鎮（市場町）の都市民や農民など陸上の人びとにインタビューすると、彼らはしばしば船上生活漁民のことを蔑んで「網船鬼」と呼んでいた。「鬼」という語は明らかに彼らを差別した言葉であるが、これこそまさに江南デルタの地域社会における船上生活漁民の位置を象徴的に示したものであった。しかし、漁民の立場から見れば、彼らは「蘇北人」性や「山東人」性を数世代にもわたってもち続けてきており、「社」「会」という集団の有り様はそうした〝蘇北人意識〟〝山東人意識〟の表出であり、いたって自然な行為としての表現であった。

「社」「会」についてインタビューを進めていくと、それらはかつて政治的経済的な側面をも有していたようであるが、現在ではそうした機能のほとんどを失ってしまい、ほぼ純粋な信仰共同体へと変質してしまっている。なぜなら、政治的には共産党の統治が強まり、「社」「会」がとくに表立って行政上の役割を果たすことはなくなったうえ、経済的には近年の水産業ブーム、健康食品ブームも手伝って、漁民たちも次第に裕福になってきていて、「社」「会」が果たしてきた互助的な機能もさして必要なくなってきたからである。むしろ漁民たちに特有の伝統的な〝蘇北人意識〟〝山東人意識〟を維持させ、外部との接触を閉ざすような内向きの信仰共同体と化してしまった感もぬぐえない。こうした特色は、旧来の「共同性」の垣根を取り払い、中華人民共和国の「国民」という新たな統合へと収斂させたい共産党の思惑にとっては、少なからぬ障害になっているといえるかもしれない。太湖流域という地域社会、あるいは王朝・国家の周縁に位置づけられてきた漁民は、相対的に見て、いまだに十分な「国民化」が達成しえた存在とはいえない状況にある。かつて、かの孫文が「一盤の散沙」にたとえた中国人の「国民化」は、少なくとも船上生活漁民の実態を観察するかぎり、いまもなお大きな課題として残り続けているといえよう。

## 「国民化」される漁民たち

近年、日中関係を騒がせている領土・領海問題や漁船による密漁行為は、いろいろな意味で漁民を政治的な周縁から中心ないし最前線へと押しやろうとしている。その場合、多くは本書で取り上げたような内水面の漁民ではなく、外洋の漁民が中心となるが、かつての王朝・国家の支配のあり方や地域社会における位置づけは、内水面であれ外洋であれ、互いに共通する部分が少なくない。実際のところ、広東省の蛋民（蛋戸）や福建省の白水郎といった外洋の船上生活漁民も、タイムラグはあれども、戦後かなり似たような軌跡をたどっている。

これまで周縁に押しやられていた漁民は、国家を代表する尖兵と見なされ、領海や漁業権を主張する海洋において中国国旗をはためかせて操業をおこなっている。これはこれまでになかったほどの国家による強力な「国民化」の推進であり、領土・領海問題などが、漁民の位置を周縁から中心へと置き換える作用を果たしているように見える。海洋の重要性が高まれば高まるほど、国家がそこから得られる資源を独占的に利用しようとすればするほど、国家のお墨付きをえた漁民のパフォーマンスは加速度的にエスカレートし、また「国民」の代弁者としての重要性を増していかざるをえない。こうした状況は中国と同様の問題をかかえ、実際に中国と衝突しつつあるフィリピンやベトナムなど東南アジア諸国にも適用できるかもしれない。今後、東・東南アジアの漁民や漁業、海洋資源をめぐる諸問題はますます目が離せなくなるし、それらに解決の糸口をあたえるのは政治的外交的なアプローチだけでなく、歴史学から漁民たちが歩んできた軌跡を学びとり解きほぐしていく方法も有効となるであろうと、筆者は確信している。本書では、外洋の漁民について記述できる紙幅がなかったが、また別の機会に詳しく論じてみたいと思う。

前章および本章では、歴史文献とフィールドワークの成果を利用しながら、船上生活漁民の近世から現代にいたる歴史の流れを復原してきた。地域社会や王朝・国家の周縁に位置づけられてきた漁民の歴史は、歴史文献の分析とフィールドワークによる口碑資料の収集とをフルに活用することで、ようやくはじめて研究・実証が可能となる。ただし、現在われわれ研究者がまず喫緊に解決しなければならないのは、歴史文献やフィールドワークで入手した情報の共有化である。たとえば、近年では歴史学の研究者もそれぞれ各地でフィールドワークを展開し、個別の事例を多数紹介しはじめているが、これらをいかにして積み重ね、研究者間で共有し、文化人類学や社会学・経済学など周辺諸分野の研究者とのあいだに共通のプラットフォームを作っていくか、知恵をしぼっていく必要があろう。より学際的な研究手法が問われるようになりつつあるのである。筆者なりの回答の一つが『太湖流域社会口述記録集（一～三）』（いずれも汲古書院）であり、これらが今後多数の学生や研究者に広く利用され、漁民史・漁業史にも光があてられることを期待してやまない。

## 参考書籍・論文（三）——中国漁民・漁業史研究を深めたい人へ

中国漁民史研究は可児弘明の先駆的な研究をのぞけば、唐代から明代まで広く扱った中村治兵衛と、太湖流域で筆者がおこなった研究ぐらいしか存在していなかった。しかし、近年は文化人類学からのアプローチが盛んにおこなわれているので参考にしてもらいたい。


①可児弘明『香港の水上居民——中国社会史の断面』（岩波新書七七二、一九七〇年）

②中村治兵衛『中国漁業史の研究』（刀水書房、一九九五年）

③長沼さやか『広東の水上居民——珠江デルタ漢族のエスニシティとその変容』（風響社、二〇一〇年）

④藤川美代子『水上に住まう——中国福建・連家船漁民の民族誌』（風響社、二〇一七年）

⑤胡艶紅『江南の水上居民——太湖漁民の信仰生活とその変容』（風響社、二〇一七年）

⑥太田出「民国期の青浦県老宅鎮社会と太湖流域漁民——「郷鎮戸口調査表」の分析を中心に」（太田出・佐藤仁史編『太湖流域社会の歴史学的研究——地方文献と現地調査からのアプローチ』汲古書院、二〇〇七年、所収）

⑦太田出「太湖流域漁民の「社」「会」とその共同性——呉江市漁業村の聴取記録を手がかりに」（太田出・佐藤仁史編前掲書、所収）

⑧太田出「中国太湖流域漁民と内水面漁業——権利関係のあり方をめぐる試論」（室田武編『グローバル時代のローカル・コモンズ』ミネルヴァ書房、二〇〇九年、所収）

⑨太田出「太湖流域漁民の「香頭」と「社」「会」——華北農村調査との比較試論」（『近きに在りて』

五五号、二〇〇九年）
⑩太田出「太湖流域漁民信仰雑考——楊姓神・上方山大老爺・太君神を中心に」（『九州歴史科学』三九号、二〇一一年）
⑪太田出「太湖流域漁民の蘇北人と鵜飼い——本地人・山東人との比較研究」（太田出・佐藤仁史・長沼さやか編『中国江南の漁民と水辺の暮らし——太湖流域社会史口述記録集3』汲古書院、二〇一八年、所収）

# 第8章　近現代中国の政治と日本住血吸虫病

## 1　中国における日本住血吸虫病流行史

### 世界の住血吸虫病のなかの日本住血吸虫病

第六章ですでに述べたとおり、中国の太湖流域は江南デルタの低湿地帯のなかで、地勢がもっとも低い地域に属している。長江流域のみならず、華中南にかけては、こうした低湿地帯が長江の支流や湖沼群に沿って帯状に存在している。そうした地域には特有の地方病があり、筆者がフィールドワークを実施した太湖流域でも、水辺に暮らす多くの人びとを苦しめていた。日本住血吸虫病（*Schistosomia japonicum*、中国では血吸虫病という）がそれである（図8-1）。

日本住血吸虫病は住血吸虫病の一種で、日本（広島片山地方、甲府盆地、筑後川流域など）・中国（長

図 8 − 1

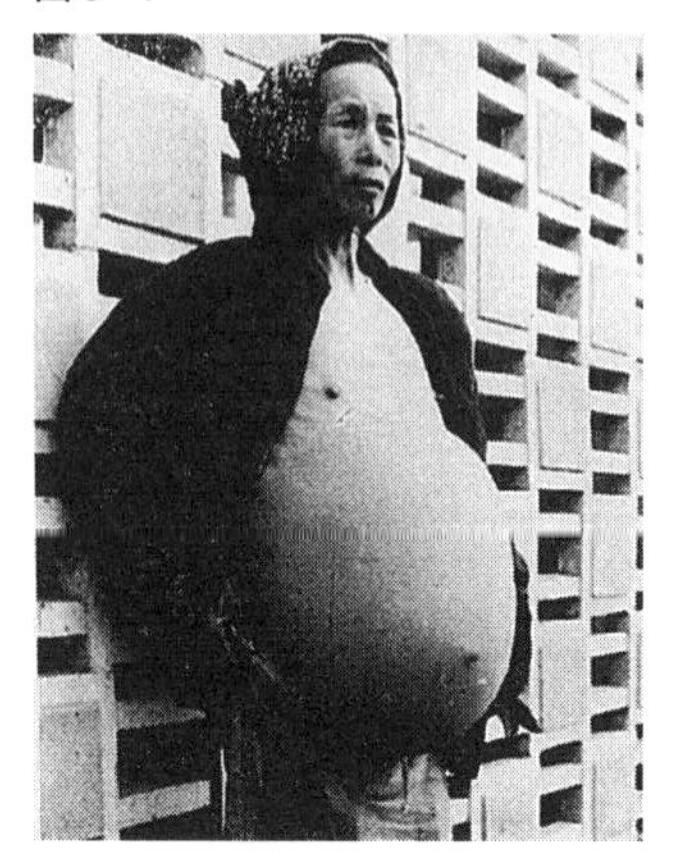

図 8 − 2

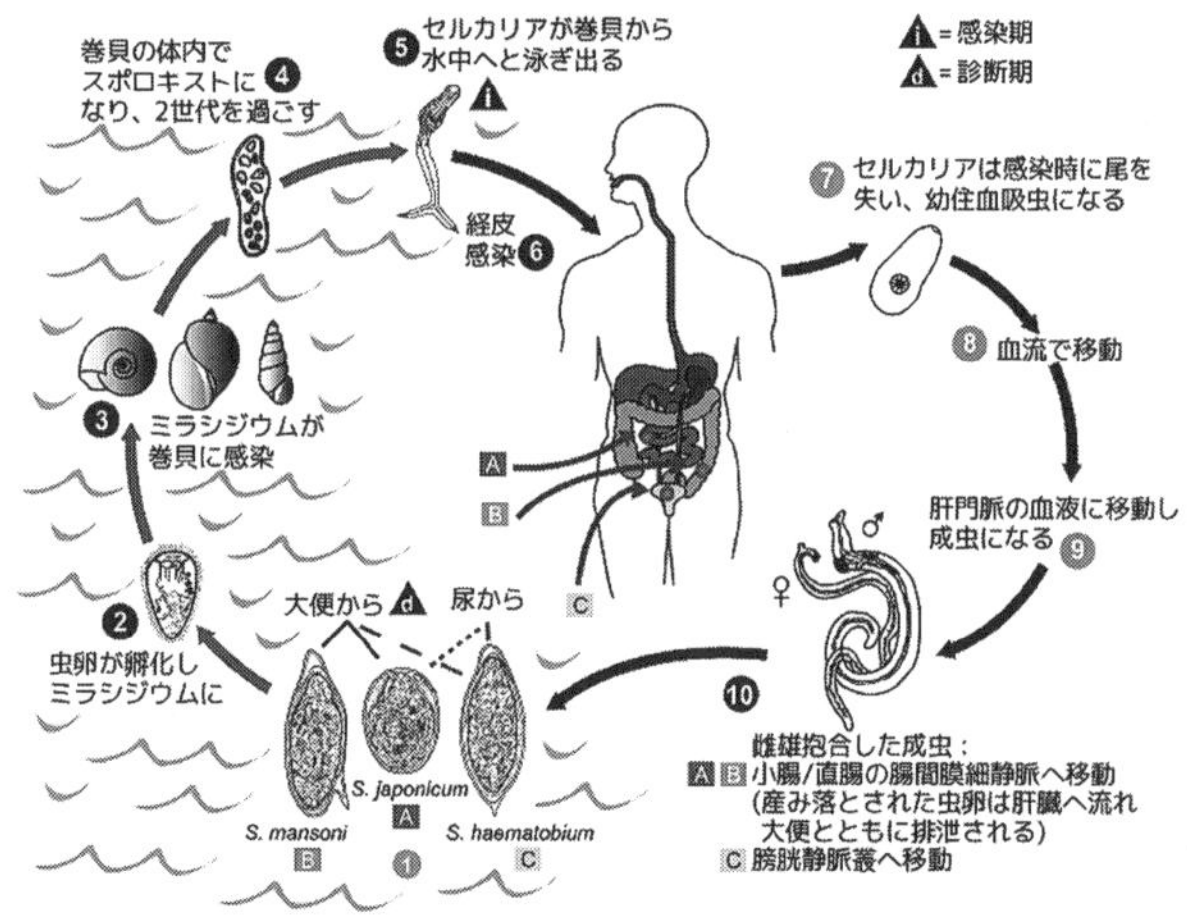


図 8 − 1 ●日本住血吸虫病の患者。痩せ細る一方で、腹部のみ大きくせり出す点に特徴がある。(浙江省血吸虫病防治史編委会編『浙江省血吸虫病防治史』上海科学技術出版社、1992 年より転載)。

図 8 − 2 ●住血吸虫の生活環（ピーター・J・ホッテズ（著）、北潔（監訳）、BT・スリングスビー・鹿角契（訳）『顧みられない熱帯病——グローバルヘルスへの挑戦』東京大学出版会、2015 年より転載)。

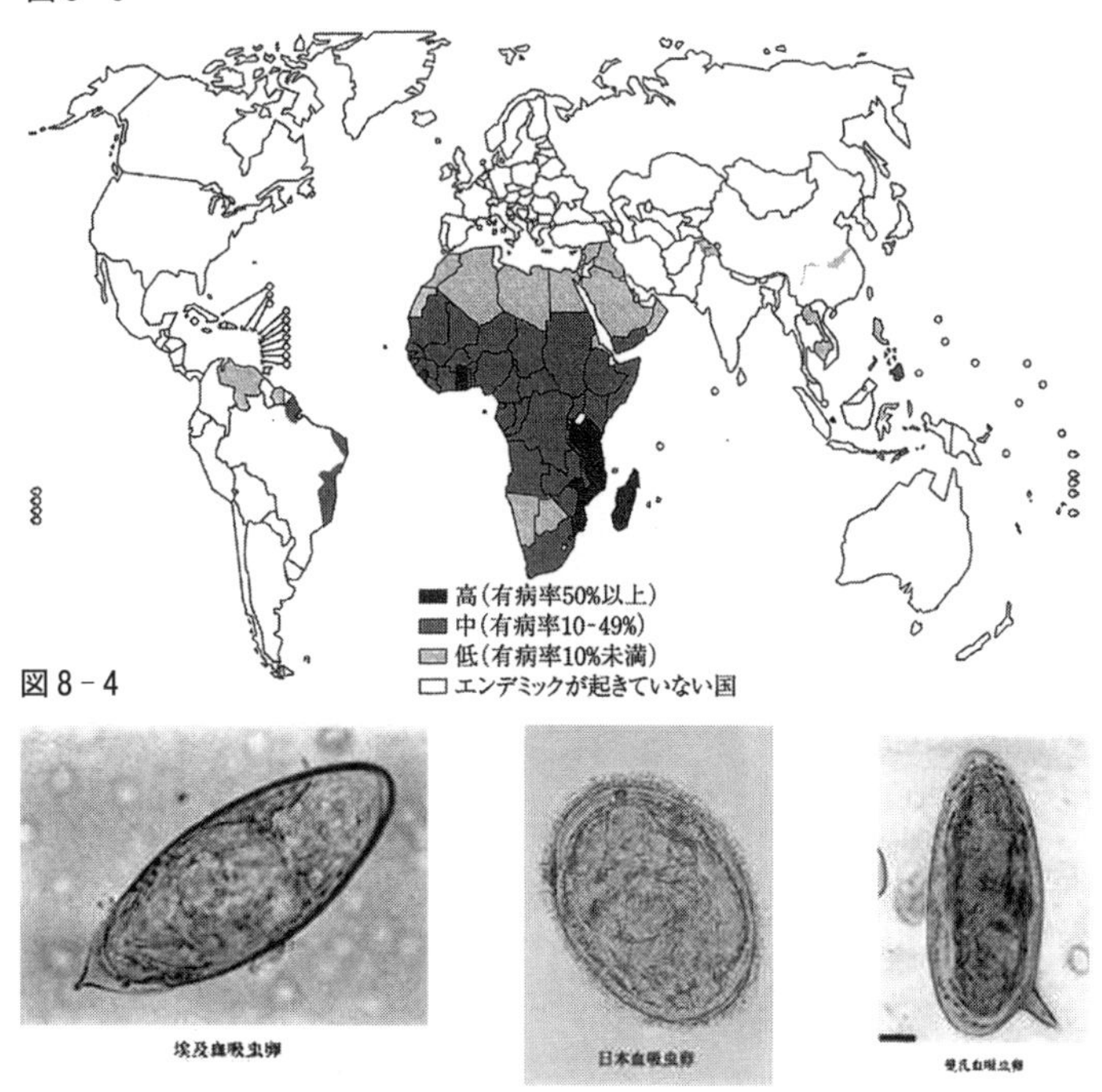


**図8－3**●2009年の住血吸虫病の世界分布。（ピーター・J・ホッテズ前掲書より転載）。サハラ以南のアフリカ、ブラジル、中東諸国に多い。

**図8－4**●住血吸虫の虫卵（左からビルハルツ・日本・マンソン）。同じ住血吸虫病でも虫卵の形や生活環、症状などが微妙に異なる（東方資訊 https://mini.eastday.com/a/191231162000962 .htmlより転載）。

江流域をはじめとする華中南）・フィリピンで流行し、水中で虫卵から孵化したミラシジウムが、中間宿主である巻き貝（オンコメラニア、日本では宮入貝、中国では釘螺という）のなかで成長してセルカリアとなり、水中に泳ぎだしたのち、皮膚から人や牛など家畜の体内に侵入し、感染・発症するものであった（図8－2）。一口で住血吸虫といっても、いくつかの種類があり、西アジア・アフリカのビルハルツ住血吸虫病(*S. haematobium*、埃及血吸虫病)、アフリカ・南アメリカのマンソン住血吸虫病(*S. mansoni*、曼氏血吸虫病)、東南アジア・メコン川流域のメコン住血吸虫病(*S. mekongi*、湄公血吸虫病)などがあった(図8-3、図8-4)。

## 猛威を振るった日本住血吸虫病

これら住血吸虫病のうち、日本住血吸虫病の症状については、すでに江戸時代の広島県福山市の医師・藤井好直が『片山記』のなかに「近頃二、三年の間春秋の頃に土地の人が田を耕すために水に入ると足や脛に小さな湿疹ができ我慢できないほど痒い痒いという。牛や馬も同様である。多くの人々がこれを患った。……その症状は面色が衰えて黄色くなり盗汗をかき痩せ衰えて脈膊は細くなり肺病のようになる。嘔吐したり血便が出たり濃汁を下痢したりする。しばらくすると手足は痩せ衰えて腹ばかり脹れてまるで太鼓のようになり、胸には静脈が浮び臍は突き出し甚しい人は腹の皮がてかてかに光り鏡のように物を写すようになる。そしてついには足が腫れて死んでしまう」とただしく書きしるしたように、最終的には死にいたる場合もあり、流行地域の人びとに甚大な被害をおよぼした。

こうした日本住血吸虫病は中国の長江流域などにも広範囲に拡がっていた。本書でさきに紹介した、水上生活をいとなんでいた船上生活漁民はもちろん、水辺に暮らす農民や都市民をも脅かしており、筆者がインタビューをおこなうなかでも、インフォーマントの口からしきりにその名がついてでた。

図8-5

図8-6

図8-5●青浦区任屯村血防陳列館（外観）。残念ながら日本住血吸虫病をめぐる日本との交流の展示はない（2006年10月30日、筆者撮影）。

図8-6●青浦区任屯村血防陳列館（展覧）。民国期の撮影と思われるが、多数の人の腹が脹れ、日本住血吸虫病に感染していることがわかる（出典は図8-5に同じ）。

太湖流域の暮らしを考えるうえで、筆者がこの感染症を避けてとおることはできないと判断したゆえんである。日本住血吸虫病がかなり古くから太湖流域や長江以南の低湿地帯で広く発生し、人びとが怖れながらも多くの犠牲を出したことは、中国では有名な事実である。とくに太湖の東に位置し、本書にこれまでいくども登場した現在の上海市青浦区（かつての青浦県）では、一つの村落が消滅してしまうほどの猛威を振るった。現在では、戦後の「査螺滅螺運動（後述）」などの対策が実を結び、一九八五年までには一部の地域において終息宣言が出されるにいたっており、青浦県任屯村に建設された血防陳列館――筆者も二度にわたって訪問・参観した――は当時の人びとの苦難と努力の歴史をわれわれに語りかけてくれる（図8-5、図8-6）。

## 古典に描出された「瘟神」

中国における日本住血吸虫病の流行と対策に関して、歴史学の立場から「普通の歴史家」が本格的に切り込んだ日本の研究には、飯島渉をはじめとするわずかなものしか存在しておらず――医学・寄生虫学の立場から医者や「医学史家」がおこなった研究は多数にのぼり、また近年、中国では上海交通大学歴史系の疾病史・環境史の「普通の歴史家」が力を入れて研究を進めはじめている――、今後の研究成果にまたざるをえない部分が少なくないのが現状である。飯島は、おもに植民地医学の視点から考察し、日本における日本住血吸虫病撲滅の経験と、戦中・戦後の中国における血吸虫病防治（予防と治療）への取り組みとの結びつきを明らかにした。飯島は、とくに戦中に上海自然科学研究所に勤務し寄生虫学の研究を進めた小宮義孝に注目し、一九五六年に訪中した小宮を代表とする日本防治住血吸虫病医学代表団（小宮ミッション）の意義を強調する。すなわち、小宮によって中国にもたらされた寄生虫学の学知は「帝国」日本の学知のあり方を象徴するものであったが、その寄生虫学の基礎に植民地医学があったため、小宮らの業績は日中のいずれにおいても封印され、ほとんど語られることがなくなったと指摘するのである。このようにどちらかというと、飯島の軸足は近代日本における医学（植民地医学、熱帯医学）・衛生学の形成とその役割が中心となった記述となっている。

では、中国で語られている日本住血吸虫病流行史とその防治史とはどのようなものであろうか。簡単に整理を試みることにしよう。日本住血吸虫病がはたしていつから流行するようになったのか、歴史文献からでもそれを読み解くことはきわめて難しい。とりわけ前近代史におけるそれはほとんど確定することが不可能である。

先行研究によれば、湖南省長沙の前漢の墳墓である馬王堆のミイラから日本住血吸虫病の虫卵が発見されている。三国時代の赤壁の戦いで曹操が劉備・孫権軍に敗れた理由を、曹操軍における日本住血吸虫病の蔓延に求めるものも見られる。一方、古い歴史文献をひもとくと、葛洪（晋）『肘後備急方』に「人が水毒病に感染するのは射工虫のような毒虫によるものである。江南山間部の人びとは信じざるをえない」とあり、張華（晋）『博物志』巻三には「江南の山渓中には射工虫・甲虫の類がいる。長さは一、二寸（三〇〜四〇ミリ）ほどで、口のなかに弩弓をもち、空気をもって人影を射るので、人の体に発疹があらわれ、治療できなければ死にいたる場合もある」といい、水中に射工虫のような毒虫がいると考えられていた。巣元方（隋）『諸病源候論』には「その虫は小さくて見えない。人は水浴びをするとき、この虫が人の体に触れると皮膚から潜り込む」と見えており、この時代にすでにある程度、日本住血吸虫病の感染・初期症状を言いあてていることは注目に値する。

## 明清期〜民国期の「瘟神」

明清時代になると、地方志のなかにも日本住血吸虫病とおぼしき記載が確認できるようになる。たとえば、清・光緒『嘉善県志』には「明・万暦三一年（一六〇三）癸卯秋、「大疫」があった。腹が脹（は）れば死んだ」、清・乾隆『呉江県志』巻四〇、災変にも「〔崇禎〕一七年（一六四四）の春に「大疫」があり、民衆は血を吐いて死んだ。……同年春、「疫癘」が大流行した。病に罹っていないのに血を吐いて死亡する者があり、一家ひいては一巷（通り）の人びとが枕をならべて重なりあって死んだ」とある。ここに見える患者の症状は日本住血吸虫病の末期に食道静脈が破れて出血する症状と見られ、これが日本住血吸虫病に関する記載と判断されている。清末の光緒『青浦県志』巻一四、列女には「陳氏は呉上源の後妻である。年齢一七歳のときに上源に嫁いだ。〔しかし上源が〕「鼓病」を患ったために、陳氏を売るつもりでいたが、陳氏はこれを聞いて泣いた。上源は「鼓病」を発病して非常に痛くて我慢できないから自殺したいと思っていたところ、〔このような状況を見て〕夫といっしょに首を吊って自殺した」と記され、ここにいう「鼓病」は日本住血吸虫病――腹が脹れるため、古くは「鼓脹病」とも呼んだ――と推測される。

民国期になると、よりいっそう悲惨な状況が報告されている。さきにも触れた青浦県任屯村では一九二〇年から四九年までにあいだに、二七五戸、九六〇人であったのが、一家全員死亡したのが一二一戸、わずかに一人生き残ったのが二八戸で、幸いに生存している者も九七・三％が日本住血吸虫病に感染していたという。上海県宝南郷の北馬村では一九三九年までに一七戸すべてが感染して死亡した。また、嘉定県安亭郷薛家村では一九二九年に一一戸、四四人であったのが、感染・死亡が相次ぎ、四九年には五戸、二二人にまで減少した。浙江省の嘉興県新豊鎮環橋浜村では、一九三八年に三六戸であったのが、中華人民共和国成立時には一六戸にまで減少し、かつ生産労働に従事できる者はわずか一人であったので、「死人浜」と呼ばれた。石蟹橋村では一九三七年に約三〇戸、一二〇人があったのが、やはり中華人民共和国の成立までにはわずかに七戸、一五人となり、九戸は「絶戸（死滅した世帯）」となった。農民たちは関羽（関聖帝君）を拝んで「瘟魔」の鎮圧を祈ったが、霊験を著さなかったので、村外への流浪・逃亡を余儀なくされたという。このように、筆者が歩いた江南デルタ——上海市、江蘇省および浙江省——の農村では、とりわけ清末以降、日本住血吸虫病が凄まじい猛威を振るったことがわかるであろう。

## 日本住血吸虫病の〝発見〟

かかる日本住血吸虫病を中国で学術的にはじめて〝発見〟したのが、湖南省常徳の広徳病院のアメリカ籍医師・ローガンであった。彼は一八歳の農民患者の糞便のなかに日本住血吸虫病の虫卵を発見し、光緒三一年（一九〇五）に「湖南省一例由日本住血吸虫引起的痢疾病例（湖南省で見つかった日本住血吸虫によって引き起こされた下痢の一症例）」と題した報告書を発表したのである。のちに毛沢東によって「瘟神」と称された日本住血吸虫病はこうして近代医学によって〝発見〟しなおされ、中国でも多くの医者がその本格的な研究に着手したのであった。

中国人初の日本住血吸虫病研究をおこなったのは、南京市鼓楼医院院長兼第一内科主任の陳方之（一八八四〜一九六九年）であった。そのほかにも寄生虫学者であり中国・台湾で教鞭を執った李賦京

（一九〇〇～八八年）、全国血吸虫病研究委員会主任委員を務めた呉光（一九〇四～七七年）、上海震旦大学医学系を卒業し、一九八四年にジュネーブで開催された第三七回世界衛生大会において血吸虫病研究への貢献を認められレオン・バーナード財団賞を受賞した毛守白（一九一二～九二年）、上海第一医学院副院長を務め、上海市郊区血吸虫病防治委員会が成立すると副秘書長に任命されて日本住血吸虫病の収束に多大な貢献をした蘇徳隆（一九〇六～八五年）、各地で日本住血吸虫病の予防・治療に取り組むとともに血防（日本住血吸虫病防治の略）工作人員の養成に力を注いだ袁鴻昌（一九三〇～）らの名前があげられよう。

## 日本住血吸虫病に挑んだ人びと（一）——陳方之・李賦京・呉光

陳方之（図8-7）は民国一七年（一九二八）以降、雑誌『科学』『医薬学』（初出は前者。のちに後者に転載）に「血蛭病之研究」と題した一連の日本住血吸虫病研究を発表した。血蛭病とあるが、これは、当時、陳が日本住血吸虫病の名が冗長なのを嫌って名づけたものである。この論文は陳が大正一四年（一九二五）に東京にて開催された第六回極東熱帯医学会において講演した内容を整理したものであった。日本住血吸虫病にともなう急性脾腫を専門とした陳は、一九二四年頃の中国における流行地を、キリスト教会医院の報告によりつつ、蘇州（江蘇）・嘉興区（浙江）、蕪湖区（安徽）、九江区（江西）、武漢区、沙市区（以上、湖北）、岳州区（湖南）の六つに分け、各地で猛烈な被害をもたらし

図8－7

図8－8

**図8－7**●陳方之（村松梢風『新支那訪問記』騒人社書局、1929年より転載）
**図8－8**●李賦京（「病理学教授李賦京先生（照片）」『東南医刊』2巻2期、1931年より転載）

ているとし、日本の山梨県の事例を示しつつ、たとえ流行地が一市四町六七村にすぎなくとも、万をも数えるほどの死者が出たのだと警鐘を鳴らした。そして藤井好直や、日本住血吸虫を発見した岡山医学専門学校の桂田富士郎教授、その経皮感染を明らかにした京都大学の藤浪鑑教授、中間宿主を発見した九州大学の宮入慶之助教授などの一連の貢献を紹介した。ちなみに、陳は東京大学医学部において、のちに第一二代総長となるガン研究の第一人者・長與又郎教授に師事した。

李賦京（図8－8）は、ドイツのゲオルク・アウグスト大学ゲッティンゲンに留学し、医学博士の称号を得たのち、上海衛生試験所技正、衛生部技正、東亜医学院病理学教授、河南大学医学院教授を歴任し、さらに国民党にしたがって台湾にわたり台湾大学で寄生虫学研究室の主任となった。まだ大陸にあった一九二八～三〇年には、陳方之とともに江蘇・浙江両省で詳細な実地調査をおこない、「血蛭病之研究」（陳の論文とは同名異文）など数本の共著論文を、「中国之日本住血吸虫病及其防治之研究」などの単著論文を発表している。

呉光は、アメリカ・ミシガン大学で寄生虫学を修めたのち、国民党のもとで中山大学農学院教授、浙江省寄生虫病防治站站長、戦後には上海第一医学院教授を務めた。日本住血吸虫病に関しては「吾国血吸虫病之大概（一）〜（八）」（許邦憲と共著）を発表し、その緒言において「わが国はわずかに亜熱帯地域に跨がっているとはいえ、寄生虫病に罹患している人がいまなお多くを占めている。熱帯医学の祖と公認されているパトリック・マンソン（Patrick Manson）は、その主要な研究成果はわが国の寄生虫病をあつかったものである。よってわれわれは、熱帯医学はわが国に発祥し、寄生虫病はその最たるものであると言わねばなるまい」と、中国が熱帯医学、とくに寄生虫病の流行と寄生虫学という学問・研究上において大きな意味を有していたことを指摘している。

さらに「わが国で被害が最も激しいのが日本住血吸虫病である。この病はわが国で猛威を振るい、前人がしばしば報告しており、患者数の確実な調査や統計はないものの、流行地は広大で、長江・珠江流域に拡がり、患者は万をもって数えた。このため戦前には中央衛生実験所がとくに江蘇・浙江省などに技術員を派遣し、国連と共同調査を実施して、指定区域においてこの病の撲滅の道を研究した。これは、北アフリカのエジプト政府が、羅氏基金会（Po Leung Kuk Laws Foundation）の援助を得ながら、常駐人員を配置し、バーロウ（Barlow）やスコット（Scott）らによってビルハルツ住血吸虫病の研究が進められたのと同様である。よって私は戦後、住血吸虫病がわが国の医学と衛生制度上のもっとも重要な問題になると確信している」と、戦後中国の政府・医学・公共衛生学界をあげての住血吸虫病への取り組みに期待している。呉光は熱帯病としておもにアフリカを中心に流行していたビルハルツ住血吸虫病やマンソン住血吸虫病に対する研究の進捗を横目に見つつ、中国における日本住血吸虫病対策の進展を願ったのであった。

## 日本住血吸虫病に挑んだ人びと（二）——毛守白・蘇徳隆

前述のとおり、レオン・バーナード財団賞の受賞で有名な毛守白（図8-9）は、震旦大学医学系を卒業したのち、当時中国が直面し、一億人もの人びとが脅威にさらされていた日本住血吸虫病の現状を知りこれを消滅しようと、フランスのパリ大学医学系、アメリカのベセル大学および国立衛生研究院で熱帯医学を学び、ベネズエラやエジプトで現地調査をおこなった。戦後には、みずから提言して七五名の寄生虫学専門員を養成したり、中国における日本住血吸虫病の流行地を平原（水郷）・湖泊・山丘の三つの類型に分けることを提唱したりした。さらに、釘螺（宮入貝）の生理・生態・生活史を研究して、実験に役立てるために釘螺の繁殖方法を発見したほか、感染の有無を知る新たな方法を開発して、全国的な分布と感染者数を掌握できるようにした。こうした一連の貢献が認められ、右の受賞へとつながったのである。

図8－9

図8－10

**図8－9**●毛守白（趙慰先・呉中興「悼念毛守白教授」『中国血吸虫病防治雑誌』4巻4期、1992年より転載）。

**図8－10**●蘇徳隆（穆于京「予防医学第一人――蘇徳隆」『創新世界周刊』2018年10月より転載）。

予防医学・医学教育に多大な貢献をもたらした蘇徳隆（図8-10）は、民国二四年（一九三五）に上海医学院を卒業、抗日戦争中には天然痘やコレラの防治にあたった。民国三二年（一九四三）には、インドにあるジョン・ホプキンス細菌研究院でペストについて研究をおこない、翌年にはアメリカのジョン・ホプキンス大学で感染症学を学び、続いてイギリスのオックスフィード大学に赴いて、一九四五年にペニシリンの発見でノーベル生理学医学賞を受賞したアレクサンダー・フレミング（Sir Alexander Fleming）に師事し博士号を取得した。民国三七年（一九四八）には帰国して母校へともどった。

戦後、蘇は共産党軍兵士が日本住血吸虫病に罹患しているのを知ると――一説には三万人にもおよび、そのため台湾侵攻をあきらめたと一九五九年の『ハーパーズマガジン』に掲載された「フォルモサを救った血管寄生吸虫」に記されている――、その研究に没頭し、防治について建議をおこない、滬郊血吸虫病防治委員会副秘書長に任命された。日本住血吸虫病の感染ルート、釘螺の分布・生態、釘螺の絶滅（滅螺）、虫卵の駆除などについて研究を進めたのである。一九五七年には、毛沢東に向かって「農業発展綱要」に規定された、七年間のうちに血吸虫病を消滅するという文言は実現がきわめて難しいことを指摘した。また、毛沢東に黄浦江には傷寒桿菌（インフルエンザ、腸チフス、マラリアなど発熱をともなう感染症）がいるため、遊泳しないよう勧め、毛沢東はそれを受け入れて遊泳計画を中止したという。

その後、大躍進運動中の「拔白旗」運動（知識人を落伍者として批判する）や、文化大革命で批判された時期もあったが、特効薬で治療するだけでは根本的な解決はできないという信念のもと、群衆を動員して釘螺を絶滅させる「査螺滅螺運動」の重要性を説き、実際に青浦県朱家角鎮などで血防（住血吸虫病の予防と治療）工作を展開した。このときの蘇の学生には袁鴻昌らがいた。

最後に、蘇が一九五〇年に発表した「近年日本住血吸虫病研究之進展」を紹介しておきたい。アジア・太平洋戦争期間中、三種類の住血吸虫病（ビルハルツ住血吸虫病、マンソン住血吸虫病、日本住血吸虫病）がいくつかの戦場において重要な問題となっていた。アメリカは日本への反攻を計画するなかで、住血吸虫病委員会を立ち上げ、まず本国でこの三種類の住血吸虫病に関して研究を進め、その後、感染地のフィリピンや占領期の日本において実地試験をおこなった。アメリカ軍とオーストラリア空軍では、フィリピン作戦時に多くの将兵が日本住血吸虫病に感染したこともあって、とくに日本住血吸虫病に焦点があてられた。イギリスではアフリカのビルハルツ住血吸虫病とマンソン住血吸虫病、中南米の国々ではマンソン住血吸虫病が主な研究対象となった。一方、戦後の中国にとってのもっとも重大な関心事は日本住血吸虫病の克服であった。その過程において、蘇は中日両国の研究成果はもちろんのこと、右のようなアメリカやイギリスのそれも十分に参考に値するとして、内容のポイントを中国語に翻訳し紹介したのであった。中国の日本住血吸虫病研究者は、戦後の日本住血吸虫病対策を考えるなかで、自国や日本の経験だけでなく、広く欧米諸国の最新の研究成果を取り入れていたことがわかる。

## 2 戦後中国の政治と日本住血吸虫病

### 毛沢東による「我們一定要消滅血吸虫病」の号令

一九四九年、中華人民共和国が成立したころ、日本住血吸虫病はすでに中国のきわめて広い範囲にわたって猛威を振るっていた。江蘇・浙江・湖南・湖北・安徽・江西・四川・雲南・広東・広西・福建および上海市など一二の省市、三五〇以上の県市を数え、患者数は一〇〇〇万人、感染の脅威にさらされている人びとは一億人以上にのぼると思われる。

図8-11

図8-12

図8-11●安徽省博物館で日本住血吸虫病の状況について視察する毛沢東。（1958年9月、「毛主席指揮送瘟神」『党史文匯』2020年2月より転載）。

図8-12●「一定要消滅血吸虫病」の文字が見える（出典は図8-1に同じ）

しばしば指摘されてきたように、日本住血吸虫病は感染力が強く、とくに水田耕作地帯では水との接触のなかで気づかぬうちに感染してしまい、静かにかつあっという間に蔓延してしていった。また前述のように、死亡率も決して低くはなかった。

こうした日本住血吸虫病の現状に目を向け、積極的な対策をおこなった人物として、中国では、国家主席・毛沢東の名がなかば神話的に語られている。中国における日本住血吸虫病の撲滅の功績はほとんど指導者としての毛沢東個人（図8-11）に帰せられている――もちろん、陳方之ら研究者への言及も見られないわけではないが――といっても過言ではない。

たとえば、一九五一年三月、毛沢東は江西省余江県に人員を派遣して、はじめて余江県が日本住血吸虫病の流行県であることを確認した。五三年にはふたたび余江県の馬崗郷に人員を派遣して日本住血吸虫病の防治について重点的に実験・研究させた。同年九月、上海で養生していた政治家の沈鈞儒が、周辺農村における日本住血吸虫病の猖獗に気づき、毛沢東に一通の手紙をしたため、対策の強化を訴えたところ、毛沢東はただちに返信して「日本住血吸虫病の被害は甚大である。かならずや厳重に防治せねばならない」と答え、衛生部と関係機関に大規模な調査を命じ、この病が当時その他の感染症よりも重大な被害をおよぼしていることに気づいた。

五五年一一月には、杭州において華東・華中南の省委員会書記を招集して農業問題の研究会を開催したさい、わざわざ衛生部副部長の徐運北を呼び、住血吸虫病の防治の状況について報告を命じ、次のように述べた。「罹患者がこのように多く、流行地がこのように広いからには、日本住血吸虫病の重大性を十分に認識し、われわれは必ずや日本住血吸虫病を消滅せねばならない（我們一定要消滅血吸虫病）」「農民は立ち上がって（翻了身）、生産を発展させようと手を取りあったのだから、必ずや農民が危害の重大な疾病に勝利できるよう手助けせねばならない」。五六年二月には、最高国務会議上において「全党・全民を動員して血吸虫病を消滅させる」という号令を発した（図8-12）。

## 「送瘟神」の発表

その約二年後の一九五八年六月三〇日、『人民日報』において、全国に先駆けて余江県における日本住血吸虫病の消滅が宣言された。同年一〇月三日の同紙には、毛沢東の有名な七律二首の詩篇「送瘟神」が発表された（図8-13）。この有名な詩を飯島の研究から引用しておこう。

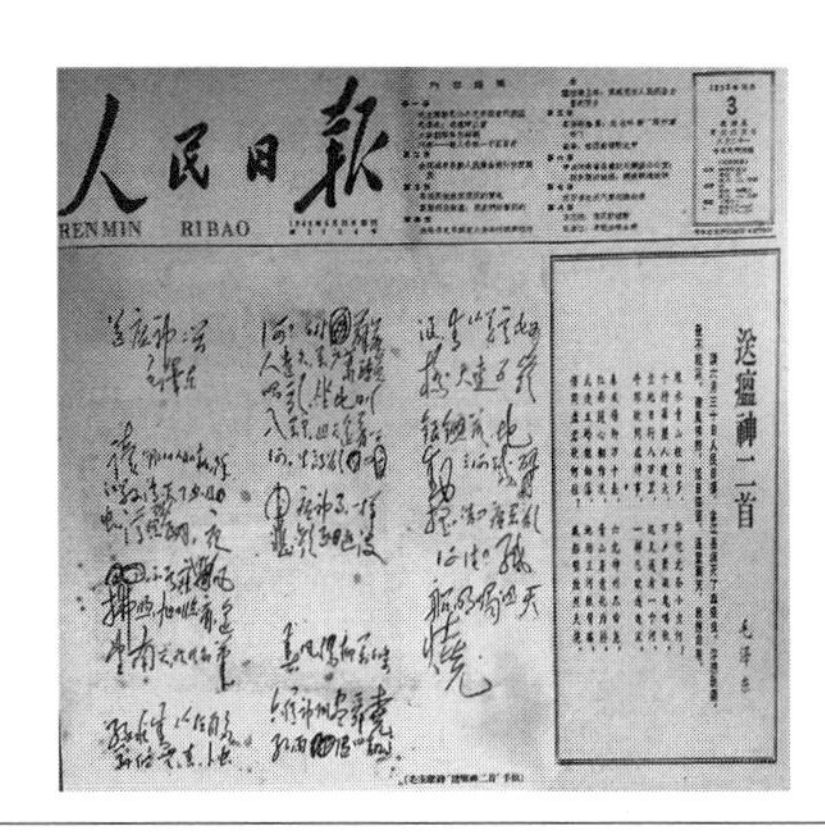
人民日報
RENMIN RIBAO
送瘟神二首
毛泽东

図8-13●『人民日報』に掲載された「送瘟神」（『人民日報』1958年10月3日）

第一首

緑水青山枉自多（緑水青山、枉しく自ら多し）

華佗無奈小虫何（華佗も小虫をいかんともするなし）

千村薜蘼人遺矢（千村、薜蘼おいしげり、人遺し矢る）

万戸蕭疏鬼唱歌（万戸蕭く疏となりて、鬼歌を唱う）

坐地日行八万里（地に坐して、日に行く八万里）

巡天通看一千河（天を巡りて遙に看る一千の河）
牛郎欲問瘟神事（牛郎、問ねんと欲す、瘟神の事）
一様悲歓逐逝波（一様悲しみと歓び逝く波を逐いけり）

第二首

春風楊柳万千条（春風楊柳万千の条）
六億神州尽舜堯（六億神州ことごとく舜と堯）
紅雨随心翻作浪（紅の雨、心の随に翻りて浪と作り）
青山着意化為橋（青なす山、意を着して、化して橋となる）
天連五嶺銀鋤落（天に連なるよ、五嶺に銀の鋤落す）
地動三河鉄臂揺（地を動すよ、三河に鉄の臂揺る）
借問瘟君欲何往（借問す、瘟君いずこへ往かんと欲するや）
紙船明燭照天焼（紙船と明き燭、天を照らして焼かん）

その後も毛沢東の指導下において、血防工作は進められ、釘螺の駆除、患者の治癒した者は約八〇%にも達し、二〇四県市において基本的な日本住血吸虫病の消滅に成功したとされる。右の「送瘟神」に謳われた「千村薜蘿人遺矢、万戸蕭疏鬼唱歌」といった状態は、「疫情は軽くなり、〔人びと

図8-14●周恩来（周爾均等編『你是爾這様的人──回憶周恩来口述実録』人民出版社、2013年より転載）

の」体質はつよくなり、糧食の生産量は高くなり、生産は良くなった」と次第に変化していった。

## 周恩来と佐々学ら日本医学者代表団

こうして毛沢東と日本住血吸虫病撲滅は強く結びつけられ、後述するように神話化されていくが、当然ながら、日本住血吸虫病は中国の華中南に広く流行した感染症であったから、他の政治家にとっても重要な医学・衛生上の課題であったことはいうまでもない。とりわけ、有名な逸事を残しているのは、一九五五年秋に訪中した日本の医学者代表団──堂森芳夫議員の肝いりにより、慶応義塾大学教授・阿部勝馬を団長として結成された──に日本住血吸虫病について問いかけた総理・周恩来（図8-14）である。代表団のメンバーの一人として参加した、東京大学医学部卒で、のちに国立公害研究所所長となる佐々学は、一九七八年一〇月一一日の『毎日新聞』のなかで以下のように当時の状況を回顧している。

「北京について間もなく、思いがけずも周恩来首相が我々にあってくれるという朗報が知らされた。……まず、おどろいたことは、周首相は開口一番、私を名ざしで「佐々先生、日本ではすでに血吸虫病をなくしたと聞くが、それはどういう方法によったのか」という質問であった。私はこの一行のなかの一番若僧で、まだ伝染病研究所で病理学の助教授だったころの話である。……周首相の中国における血吸虫病問題の話が続いた。……中国には二億あまりの人民がこの病気の流行地にすみ、患者はいま数千万人に達するであろう。血吸虫病をいかになくすかは、新しい中国にとって第一の重点政策である、という。そこで『佐々先生、どうしたらいいだろう』とたたみかけて来られた」。当時、日中両国間にいまだ国交がなく、民間の草の根の交流として訪問した医師団のなかに、寄生虫学を専門とする佐々学がいたことに気づいていた周恩来は、第一に日本住血吸虫病対策について提言を求めたかったのであろう。それだけ当時の中国では日本住血吸虫病が重大な問題となっていたことの証左であり、毛沢東ならずとも、そうした認識は当時の政治家に共有されていたことを示すものといってよいだろう。

佐々はさらに続けて述べる。「中国の血吸虫病がこんなに大きな問題であろうとは、私も予期していなかった。そこで、さっそく周首相に直々にお願いして、流行地の現場を見せて戴くことにした。そのあと、私だけ一行と別れて、汽車で南京に向かい、さらに無錫から上海と、揚子江ぞいに流行地を見てまわった。それは聞きしにまさる惨状であった。各部単位に血吸虫病専門の病院がある。そこには多くの重症患者が収容されているほか、毎日何百人という外来患者がアンチモン剤の注射を受けに行列を作っている。この薬は副作用が強くて、しばしば、ころりと死ぬ人も出るが、それにより治る人の方が多いから差し引きプラスになるのだと担当医がいう。まだ予防作業はほとんど行われていない。中間宿主になるオンコメラニアという巻貝は水田やその導水溝にびっしりと繁殖していて、ほうきではくとすぐバケツ一杯くらい、何万匹をも集めることができる。日本ではそのころ、甲府盆地で研究材料として数百匹を集めるのにも二日がかりの作業であった」。

佐々は一九五〇年代当時の中国の日本住血吸虫病の現場を詳細に記している。長江流域だけでもきわめて広大な範囲に流行し、多数の患者が出ていたため、副作用が強いとわかりながらもアンチモン剤を使用せざるをえない苦肉の策を選択していたことがうかがわれる。ましてや予防対策などにはまったく手がまわらず、釘螺（オンコメラニア）は水田や水溝のなかで大量に繁殖していたことがわかる。日本は溝渠のコンクリート化や殺貝剤の散布、火炎放射器での焼却といった方法によって中間宿主である宮入貝を絶滅させ、日本住血吸虫病を制圧したが、分布地域が広大であり、財政的にも余裕のなかった中国では、大衆を動員してこの釘螺を見つけ出しては一つひとつ地道に処分したり、薬剤を散布したりする「査螺滅螺運動」や、虫卵の混じった糞便の管理強化という方法を選択せざるをえなかったのである。

佐々は最後に周恩来についても「この旅行を通じて私が一番痛感したのは、周恩来という人物の政治家としての誠実さ、とくに科学的なデータを尊重する態度と、人民の健康をすべてに優先させようという人間愛の強さであった」と感想を残している。佐々の帰国後、小宮義孝を団長とする住血吸虫病の専門家チーム（小宮ミッション）が派遣され、日本の経験と中国での調査・研究とをふまえた建議書が提出されたことは前述のとおりである。

## 華国鋒と日本住血吸虫病――自然界の「瘟神」と政治上の「瘟神」

もう一人、日本住血吸虫病と関係の深い人物を紹介しておこう。毛沢東に引き続いて最高指導者となった華国鋒（図8-15）である。彼は江青など四人組を逮捕し、文化大革命を終結させたことで有名であるが、そもそも政権基盤が脆弱だったこともあって、まだ混乱の覚めやらぬ一九七八年一〇月二一日の『人民日報』に「加快消滅血吸虫病（すみやかに日本住血吸虫病を消滅させよう）」という次のような記事を掲載させている。

中華人民共和国が成立して以来、毛主席は精力的に日本住血吸虫病対策に取り組み、その結果、血防工作は年々成果を上げることに成功した。しかし、文化大革命が発動されると、林彪や四人組が血防工作を停滞させたため、地方によっては日本住血吸虫病の感染がふたたび流行するようになった。釘螺が分布する地域はいまもなお三〇億平方キロメートルにおよび、湖泊・江灘・山区といった複雑な環境のなかで棲息している。罹患者も約二五〇万人に達し、他の病気を併発したり、重症化して後

**図8-15**●日本住血吸虫病患者や赤脚医生と談笑する華国鋒（左端）（『送瘟神――紀念毛主席『送瘟神二首』発表二十周年』中共中央南方十三省、市、区血防領導小組辦公室、1978年より転載）

期症状に進展したりした者が少なくなかった。こうして日本住血吸虫病の消滅はまたもや重大な闘争へと発展したのだ。日本住血吸虫病の流行地の多くは、水稲耕作がおこなわれている糧食生産の中心であるから、血防工作をしっかりおこなって、人民の体質を増強してこそ、国民経済を発展させることができるのだ。有効な措置を施し、日本住血吸虫病を消滅させることには重大な意義があるにもかかわらず、林彪ら指導部が口実をもうけて放置するか、号令を出すだけで何の施策もおこなわなかったのは、すべて重大な誤りである。断固として不正をたださなければならないというのである。

そして日本住血吸虫病を自然界の「瘟神」とすれば、林彪や四人組は政治上の「瘟神」であるというレトリックを展開する（図8-16）。文化大革命前の血防工作をすべて否定した林彪らは、「血防戦線」でいうところの〝走資派〟であるとなぞらえたうえで、彼らは人民の生命の

**図8-16**●集会で掲げられた「"四人組"による血防工作の破壊の罪行を猛烈に批判しよう」というスローガン（筆者蔵）

安全を願わず、血防工作員を〝大事をつかまず小虫をつかむ〟とさげすみ、〝血防工作には手がまわらない〟〝走資派と闘い終えたのちに血防工作をおこなう〟などと言い訳ばかりしたと厳しく糾弾する。彼らは血防工作会議を開催しなかったばかりでなく、毛主席や党中央に対する血防工作状況の報告、血防工作に関する文件の通達、毛主席の「送瘟神」という輝かしい思想の宣伝すらもゆるさなかった。彼らは党の知識人の政策を踏みにじって〝反動学術権威〟とか〝白専（研究しかせず政治を学習していない者）典型〟という濡れ衣を着せて、研究の権利を剥奪し、血防工作の専門家や教授を迫害して死にいたらしめたのだ。その結果、だれも血防工作について問う者はなくなり、感染はふたたび拡がった。「われわれは血防戦線において林彪や四人組と徹底的に闘わねばならない。もし血防において林彪や四人組のような奪権・陰謀をめぐらす者を見つけ出し、指導部を整頓・充実しなければ、目前の血防工作をうまく指導できないだろう。またもし林彪や四人組のような人民の生命の安全を顧みない反動・誤謬の言論を徹底的に批判しなければ、人民の疾苦に関心を払う党の優良な伝統や姿勢を回復し発揚させることはできないだろう。もし血防において党の指導部や知識人の政策を断固として実行しなければ、広汎な幹部や科学技術の人員、群衆の積極性を十分に動員できず、日本住血吸虫病の消滅はたんなる紙上の空論となってしまうだろう」と、血防戦線における新たな闘争を訴えかけるのである。

## 毛沢東の「偉大なる勝利の物語」から権威を調達する

このように華国鋒はかつての毛沢東による日本住血吸虫病の消滅という「偉大なる勝利の物語」を前面に押し出し、その継承の重要性を説くとともに、毛沢東の指導の〝正しさ〟、ひいては自らの政権運営の〝正当性〟を力強く主張している。そして林彪や四人組といった政敵を「瘟神」＝住血吸虫にたとえて、政界の「瘟神」を駆逐した現在、ふたたび血防工作に立ち上がるべきであると宣言する。

『人民日報』はさらに次のようにも述べる。日本住血吸虫病の消滅はまるで風俗を改めて山川を動かすような偉大な闘争である。群衆運動が展開され、さまざまな人びとからの支援があり、毛主席の「送瘟神」のような気概をもって「瘟神」と闘えば、はじめて徹底的な勝利が得られるのである。毛主席の輝かしい思想と、華主席を主とする党中央の日本住血吸虫病消滅に関する重要な指示を広く宣伝して、人びとの心に訴えるべきである。「農業は大寨に学べ」運動にならって、血防工作中の釘螺の駆除を農田基本建設計画に入れれば、釘螺の生態環境を改変して絶滅させることができるだろう。そのためには、まず血防の科学研究が必要である。林彪や四人組によって何年にもわたって停滞させられてきたため、「査螺滅螺」「査病治病」の方法もいまでは時代遅れとなってしまっている。よって、方法に新たな突破口が見つかれば、血防工作にもきっと新たな進展があるであろう。壮大な志をたて、虚心に学習し、固く決心して工作し、努力して血防の科学研究・技術のいただきに登りつめれば、遠からずして日本住血吸虫病の消滅に新たな貢献をもたらすに違いない、と結んでいる。

この『人民日報』の記事がだれによって執筆されたのかは残念ながら判明しないが、共産党の輝ける「栄光」「善政」である血防工作を引き合いに出しながら、それを導いた毛沢東の路線を〝ただしく〟継承しつつある華国鋒への支持を求めている。「両個凡是（二つのすべて）」という毛沢東の権威を守ることで自らの正当性を維持せざるをえない華国鋒の意志に沿った内容であることは間違いない。ここに血防工作という地方病への医療・衛生対策は、たんなる科学的な医療の発達だけではなく、明確に政治的なイデオロギーを身にまといつつあったといってよいであろう。

## 3　習近平と新冠肺炎（COVID-19、新型コロナウイルス感染症）

### 呼び起こされる毛沢東の記憶

右に見てきた毛沢東、周恩来、華国鋒以後、さらに鄧小平や江沢民、胡錦濤らの国家主席もときに日本住血吸虫病対策に重要な指示を出したり、血防工作会議を開催したりしてきた。しかし、その後日本住血吸虫病それ自体が次第に全国的な収束へと向かい、一九八五年の上海市を皮切りに、江蘇省や浙江省などでも日本住血吸虫病の基本的な終息が宣布されたことから、それまでのように新聞報道などで大きく取り上げられることも相対的に少なくなってきた（ただし、二〇〇三年一一月二六日の『人民日報』では、江西省などで日本住血吸虫病がふたたび流行しはじめ、釘螺の分布面積が一一五一平方キロメートル、罹患者数が一〇〇万人以上に達したため、今後も日本住血吸虫病の「捲土重来」に注意すべきことが促されている）。

そして現在二〇二〇年、世界は一九年末に中国の武漢で発生したとされる新冠肺炎（COVID-19、新型コロナウイルス感染症）のパンデミックの真っ只中にある。中国では歴史上、多くの感染症が発生しており、二〇世紀以降だけでも、東北部で流行したペスト（鼠疫）、長江流域を中心とする華中南に拡がった日本住血吸虫病、二一世紀には広東省や香港など中国南部で発生しインド以東のアジアやカナダにまで伝播したＳＡＲＳ（重症急性呼吸器症候群、非典）などの感染症が中国の人びとを震え上がらせてきた。現在の新冠肺炎はこうした中国の感染症の歴史の延長線上に位置づけられるわけであるが、新冠肺炎との闘いをまさに演じている、習近平を指導者とする中国共産党にとって、過去の感染症との闘いはどのように回顧される、あるいは想起されねばならないのであろうか。新冠肺炎に立ち向かうなかで中国社会においていかなる言説が唱えられているのであろうか。

まず公式な声明ではなく、むしろ人びとの目に容易にとまるウェブ上の文章をいくつか紹介してみたい。たとえば、「中医加油（漢方医、がんばれ）」（二〇二〇年二月一五日）と名づけられた文章には次のように見える。二〇一九年末、突如として新冠肺炎が流行し、街から人の姿が消え去り、人びとを恐怖におとしいれた。たとえ、人を感動させるような美談があったとしても、新冠肺炎によって失われた生命がわれわれに伝えたのは病毒への恐怖であった。新冠肺炎はＳＡＲＳのときとよく似ている。われわれは新冠肺炎についてほとんど何も知らないし、ワクチンも治療薬・特効薬もない。しかし、中医は新冠肺炎の軽症の患者に対する漢方薬の投与においてその優勢を示してきた。かつて中国では「瘟疫」が多発し、七〇〇以上にもおよぶ疫病が流行したが、そこでもまさに漢方薬が中華民族を危機から救い出してきたのだ。毛主席も日本住血吸虫病に挑み、余江県で消滅に成功したとき、「送瘟神」を発表した。その後、毛主席はおっしゃった。「日本住血吸虫病がわれわれの生命を奪うことについては、帝国主義、八ヵ国連合軍、抗日戦争のいずれもおよばない。しかし、現在は希望がある。

党が指導し、群衆の大規模な運動を展開して、党・科学者・人民群衆の三者が手をつなげば「瘟神」を追い払うことができる」と。そしてこの文章は「中国人よ、中医を支持し、中医を熱愛せよ、中医がんばれ」と、新冠肺炎に立ち向かう医療関係者を鼓舞しながら結んでいる。

## 新冠肺炎への啓示としての「送瘟神」

次に「戦勝新冠肺炎、毛沢東的「送瘟神」給出啓示（新冠肺炎に勝利するには、毛沢東の「送瘟神」が教訓を啓示してくれる）」（二〇二〇年二月一五日）という文章を見ると、五八年六月三〇日の『人民日報』に掲載された「第一面紅旗――記江西余江県根本消滅血吸虫病的経過」と「送瘟神」を振り返ったのち、現在から六〇年以上前、この種の精神と方法――右に見た毛沢東の党の組織、科学者、人民群衆を結合させるという言説――のもと、中国では「送瘟神」の激烈な運動が歴史的に展開されてきたこと、それから六〇年以上後、一種の〝新瘟神〟が突如出現し、全国を席巻しており、われわれは再度試されているのだと述べたうえで、いまこそ毛主席の「送瘟神」からの今日のわれわれに対する一種の啓示を読みとるべきなのだと訴えている。

また「従抗撃新冠肺炎疫情看毛沢東思想的回帰（新冠肺炎との闘いから毛沢東思想を振り返る）」（二〇二〇年三月一三日）においても、われわれは二〇一九年一二月の新冠肺炎の発生と流行と闘いのなかで、全世界を驚かすような成果をあげた。これは挙国体制を維持し、全民をあげて感染症と闘ったからである。それに比べて他の国家のとんでもない状態を見ると、われわれの国家制度には自信がますます深まる。かつて毛主席が「全党・全民を動員して、日本住血吸虫病を消滅させる」と号令を下し、日本住血吸虫病を根絶させたように、たとえ大きな困難に遭っても、適切な方法で、広大な群衆の積極性を発揮することができれば、克服することは可能なのであると、毛沢東による日本住血吸虫病との闘いを想起させつつ、新冠肺炎との闘いにおける共産党の指導・対応に正当性を付与しようとしている。

## 「過去の栄光」と新冠肺炎を結びつける

さらに中央軍委聯合参謀部幹部の羅元生が記した「「送瘟神」的精神内涵（「送瘟神」の精神的な意味）」（二〇二〇年三月一六日）では、新冠肺炎が発生・流行して以来、党中央は防疫工作を重視して実施してきた。かかるときこそ、毛沢東の「送瘟神」を読み返し、すべての苦難に戦勝し、永遠不屈の革命精神を発揚して、一致団結して時間と競争し病魔と闘い、科学的に予防・治療をおこない、正確に政策を実施すれば、必ずやきっとこのたびの新冠肺炎との闘いに全面的な勝利を得られるであろうと断言する。

最後に「為抗撃新冠肺炎疫情集聚力量（新冠肺炎と闘うために力をあわせて団結する）」（二〇二〇年四月二二日）を紹介しておこう。この文章の筆者によれば、「送瘟神」は中国人民が日本住血吸虫病との闘いで勝利した革命史詩であり、発表後、群衆の闘いの情熱はきわめて鼓舞されたので、引き続き血吸虫病に向かって進軍し、さらに大きな勝利を得た。毛沢東がこの詩を詠んですでに六〇年以上の歳月が流れ、時代の潮流も大きく変化したが、その科学的な思想と方法は、現在の新冠肺炎との闘いのなかで理論的な意義、実践的な価値を有しているのであると述べている。

このように二〇二〇年前半のネット上の記事を見まわしてみると、たんに新冠肺炎をめぐる感染状況、医療対応、共産党の政策について公式的な情報がネットを賑わせているだけではなく、しばしば毛沢東の事績、それも「送瘟神」を中心とした日本住血吸虫病撲滅を取り上げた記事に出くわした。いずれも「過去の栄光」「偉大なる勝利」の物語である日本住血吸虫病の歴史をわざわざ持ち出し、それが現在の新冠肺炎との闘いにも偉大な示唆を与えているのだというのである。こうした言説がネット上にあふれていることは、共産党が日本住血吸虫病との闘いをふたたび掘り起こし、それを新冠肺炎との闘いにも投影させようとする政治的な試みを実行に移していることを示しているのであろう。

## 新冠肺炎は「二一世紀版日本住血吸虫病」か？

ここまでネット上の文章を紹介・検討してきたが、やはり最後には、共産党の公式見解を掲載した『人民日報』などの記事を見ておくことにしたい。右で確認したようなことが共産党の公式見解にも見られるのか否か、検証しておく必要があるからである。

図8-17●武漢を視察した習近平（https://yahoo.jp/pKjyp1より転載）。

たとえば、『人民日報』に掲載された「以行動参与愛国衛生運動（行動をもって愛国衛生運動に参加しよう）」（二〇二〇年四月一六日）では、習近平総書記（図8-17）が新冠肺炎の防疫工作を視察したときに「愛国衛生運動を堅持・展開しよう。これは簡単な清掃・衛生ではない。人びとの居住環境の改善、飲食習慣、社会心理上の健康、公共衛生施設などの側面から工作を展開していこう」と強調したと伝えたうえで、愛国衛生運動は建国以来、重大な伝染病——ペスト・日本住血吸虫病・SARSなど——の防疫に重要な役割を果たしてきたのだと述べている。ここにいう愛国衛生運動とは、朝鮮戦争をめぐって抗米援朝がさけばれ、中国軍が実際に参戦をはたすなかで発動されたもので、その後の衛生行政に大きな影響を与えることになった。とりわけ、日本住血吸虫病対策をめぐっては重要な運動として位置づけられたが、ここでは新冠肺炎の流行・感染の拡がりから収束を迎えて、いわゆる〝ウィズコロナ〟の新衛生・新生活を提案する新たな政治運動として展開されようとしている。

四月二六日の「同舟共済、衆志成城（共通の利害のために助け合い、一致団結しよう）」という記事には、「中国人民は偉大な団結精神をもった人民である。「もっとも私を揺り動かしたのは、一人ひとりの中国人がみな強烈な責任感と貢献の精神をもち、新冠肺炎との闘いに貢献しようと願っているのだ」とは、中国で視察をおこなった世界保健機関（ＷＨＯ）の責任者の感慨である。新中国成立後七〇年以上、地震や洪水など重大な自然災害から、天然痘、日本住血吸虫病、マラリア、ＳＡＲＳなどの重大な感染症にいたるまで、われわれがこうした困難のなかで不断に成長し奮起できたのは、党と人民が鞏固に団結し、互いに力を合わせ、心を一つにするという民族の文化的遺伝子をもっていたからである」と書きしるされており、世界保健機関（ＷＨＯ）の名前を借りながら、中国人の責任感と貢献の精神――それは中国の大国としての責任につながるのであろう――を自画自賛するとともに、感染症との闘いを党と人民群衆とが手をつなぐことによって乗り越えたのだという政治的な喧伝をおこなっている。中国による新冠肺炎隠し、世界保健機関（ＷＨＯ）のテドロス・アダノム事務局長との癒着については、いまあえて述べるまでもないが、国内向けにはこうした宣伝が一定程度有効な作用を果たしたのであろう。

## 毛沢東による日本住血吸虫病の消滅と習近平による新冠肺炎との戦疫

最後に、中国共産党中央委員会の理論宣伝雑誌である『求是』の記事を見ておこう。二〇二〇年第六号に掲載された「重温毛沢東関於衛生防疫的重要論述（毛沢東の衛生防疫に関する重要論述を読み返そう）」によれば、執筆者の万建武（中国社会科学院中国歴史研究院）は大意、次のようにいう。さきごろ、爆発的に感染が広まった新冠肺炎は、新中国成立以来、わが国で発生した感染力のもっともつよい、感染範囲のもっとも広い、防疫がもっとも難しい重大な公共衛生にかかわる事件であった。この重大な疫病に直面して、全党・全軍・全国の各民族人民は、習近平総書記の新冠肺炎の防疫工作に関する一連の重要な講話と下達された精神を断固としてつらぬき、必勝・責任・仁愛・謹慎の心で、この困難な疫病との人民戦争・総力戦・阻止戦に打ち勝った。医療衛生はとくに疫病の予防・治療であり、人民の生活問題、さらに重大な政治問題でもある。毛沢東は全国におよんだ日本住血吸虫病、ハンセン氏病、マラリア、ペスト、コレラなどの感染性の疾病との人民戦争を指導・展開し、疫病対策に歴史的な成功を収めた。旧社会における「千村薜藶人遺矢、万戸蕭疏鬼唱歌」という光景は、もう二度ともどってこないのだ。毛沢東の衛生・防疫に関する重要論述をもう一度読み返すことは、われわれが深く認識している、中国共産党の人民のために奉仕するという宗旨、社会主義制度の圧倒的な優越性に対し、重要で啓発的な意義を有する。毛沢東の重視と指導のもと、新中国の衛生・防疫の体制システムはすばやく構築され、天然痘・ペスト・コレラなどの激烈な感染症に対して有効性を発揮してきたが、とりわけ人民の健康に重大な脅威を与えたのは日本住血吸虫病対策の進展であり、われわれの党は実際の行動をもって〝かならずや日本住血吸虫病を消滅させる〟という約束を果たしたのだ、と結論づけている。

この記事では、毛沢東による日本住血吸虫病消滅という『偉大なる勝利の物語』と、習近平による新冠肺炎との戦疫と勝利をあたかもかぶらせるかのように賞賛している。偉大なる共産党指導者による感染症の制圧の事例として、かつての日本住血吸虫病のあとに新冠肺炎が位置づけられたのであり、まさに新冠肺炎は「二一世紀版日本住血吸虫病」と呼びうる存在となったのである。そして習近平はみずからを毛沢東以来の、感染症と闘い人民の生命を救った偉大なる指導者として描いてみせたということになろう。感染症対策と政治が密接な関係を有することは、西洋・東洋を問わず、歴史や現在の世界でもしばしば指摘されることであるが、中国では国内、あるいは世界に誇れる語りとしての日本住血吸虫病との闘いが、その後の政治にも多大な影響を与え続け、現在でもそれと接続させるかたちで、新冠肺炎を巻き込んだ新たな神話が生み出されようとしているのである。

## 『大国戦〝疫〟』に見る新冠肺炎をめぐる共産党と習近平の思惑

その具体的な神話作りの一環として目をひくのが、二〇二〇年二月に出版・発売されながら、礼賛本として批判され回収された『大国戦〝疫〟——二〇二〇中国阻撃新冠肺炎疫情進行中』（五洲伝播出版社、図8-18）である。この本は共産党の新冠肺炎に対する初動の遅さを覆い隠し、自らの対応の先見性と指導力を国内・海外（英語・日本語など数カ国語に翻訳される予定だった）に宣伝しようとしたものであった。すなわち「このたびの新冠肺炎は伝染病が人類をふたたび襲撃した例である。こう

**図8-18●**『大国戦“疫”』。現在は店頭にも見られず入手不可能。筆者は偶然にも入手できた。

した重大で突発的な公共衛生事件に対し、中国共産党は人民を指導して、感染を防ぐ人民戦争に立ち向かった。習近平同志を核心とする党中央は、感染の抑制・予防と群衆の利益を高度に重視し、中央に新冠肺炎に対応する領導小組をもうけ、国務院は共同の抑制・予防のメカニズムをたてて、力強く秩序立って事を推し進めた」（二九五頁）と、習近平国家主席を中心に新冠肺炎に「中国だけでなく世界をも守るために」果敢に取り組んできたにもかかわらず、「依然としてある国家は中国に対して冷たい振る舞いをしている。国外のあるメディアはこの機を利用して中国の国旗を侮辱し、またある人はこれによって中国国民に過激な反応をとっている。こうした言動は常軌を逸したものだ」（二九七頁）と苛立ちを隠さないのである。該書に見える自画自賛はいまあえて指摘するまでもないが、回収をせざるをえなかったことにも如実にあらわれているように、共産党や習近平の思惑——権威の調達——はいまだ十分には成功していない、いやむしろ国民に疑念をいだかせるものとすらなりかけているのである。

# 第9章 近現代中国の日本住血吸虫病と語られる血防

## 1 日本住血吸虫病の現場（一）——地方志と血防志

### 戦後中国の日本住血吸虫病・公衆衛生対策の歩み——青浦県を事例として

前章では、中国の日本住血吸虫病流行史・防治史研究の少なさから、先行研究によりながら、感染流行の概観を整理するとともに、まずは文献資料を用いて、日本住血吸虫病研究に携わってきた人びとと日本住血吸虫病との闘いの歴史、および戦後中国の政治と日本住血吸虫病との関係についてやや巨視的な検討を加えてみた。これで現代中国をもふくむ大雑把な状況をほぼ把握していただけたものと思う。

続いて、そうした巨視的な背景のもと、日本住血吸虫病の現場では、どのような人びとがいかなる闘いを繰り広げてきたのか、文献資料から太湖流域の一地方の事例を取り上げながら紹介したのち、そうした文献資料にはなかなか残りにくい医者や関係者などのナマの声をインタビューのなかから復原してみたい。

戦後、中国共産党の日本住血吸虫病に対する具体的な対策については、飯島渉が詳細に解説している。一九四九年には、中央の衛生部に血吸虫病防治委員会が設けられ、上海市衛生局にも医療隊が派遣されて、釘螺（オンコメラニア）の分布に関する本格的な調査に着手した。五一年には、上海・青浦・松江など九つの県に血吸虫病防治站が開設された。以下では、これらの県のうち、日本住血吸虫病がもっとも猛威を振るったとされる青浦県（現在の上海市青浦区）を事例として、現場の状況を観察していくことにしよう。

前述のとおり、青浦県はかつて全国で日本住血吸虫病の感染率が高いところとして認知され、とくに任屯村は感染状況がもっとも酷かった村の一つとして有名であり、現在では見事これを克服し、その〝奇跡〟の歩みを展示した血防陳列館が建設されている。

こうした地域における日本住血吸虫病対策＝血防工作を検討しようとする場合、どのような文献資料が参考になるのだろうか。もちろん、地方檔案館に赴いて公文書を収集したり、地方新聞などから情報を得られたりするであろうが、ここでは、すでにふれた地方志のなかの一部――衛生の項目や、ときには血吸虫病防治などの項目を掲げるものもある――と、日本住血吸虫病に特化した書物である血防志を紹介・分析してみたい。

## 県志に見える日本住血吸虫病

県レベルで編纂された県志の一例として上海市青浦県県志編纂委員会編『青浦県志』（一九九〇年）がある。この青浦県が全国でも有名な日本住血吸虫病流行地であったことはすでに述べた。そのため『青浦県志』には第三一篇として血吸虫病防治の項目が独立してたてられている。なかはさらに疫区、疫情、査滅釘螺、県際聯防、査治病人、査治病牛、防治隊伍、防治成果といった細目が設けられている。前言部分では、日本住血吸虫病がもっとも流行し、最大の危険をもたらした地方病であり、民間では〝肚脹病〟〝臌脹病〟とも呼ばれたこと、青浦県は上海市のなかでもっとも深刻な県の一つであったこと、全国十大流行地の一つでもあったことにふれる。

具体的な記述は、民国一九年（一九三〇）からはじまる。この年に中央衛生試験所が県城内のほか、県内の七宝鎮・章練塘鎮（練塘鎮）・黄渡鎮などで調査をおこない、釘螺を発見し、城内や朱家角鎮で三五人の患者を見つけた。民国三五年（一九四六）には、江蘇省衛生処、蘇南地方病防治所が城内や西岑鎮で陽性（日本住血吸虫病に感染した）の釘螺をつかまえた。また三九四人の労働者、五〇九人の農民に対して検便を実施すると、労働者は三・三%、農民は一一・六%が感染していた。民国三七（一九四八）にも、蘇南地方病防治所が城内や西岑鎮・朱家角鎮などで調査をおこない、陽性の釘螺

図9－1

図9－2

**図9－1**●都市における査螺滅螺運動（崑山市血防志編委員会編『崑山市血防志』上海科学技術文献出版社、1995年より転載）。
**図9－2**●日本住血吸虫病患者の治療（出典は図9－1に同じ）。

と患者を発見した。
新中国が成立すると、人民政府はようやく医療関係者を各地に派遣し、次第に日本住血吸虫病の流行状況が判明してきた。一九五〇年五月には、蘇南軍区衛生部の幹部と医者が任屯村にはじめて入って調査をおこなった。五一年六月には青浦県に血防専業隊が、六四年には各人民公社・市鎮に防治組が設けられたほか、五一年からすでに上海市より衛生工作隊が派遣され、血防工作の支援がはじめられた。血防にあたった人員は手はじめに各地に「試点」や「蹲点」と呼ばれるいくつかの試験ポイントを設け、実際に「査螺滅螺（図9-1）」「査病治病（図9-2）」などをおこなうことから進めていった。六二年ぐらいからは、生産隊から一、二人の一定程度の知識を身につけた青年を選び、血防隊（滅螺隊）を組織、その後さらに約九〇〇〇人にもおよぶ「赤脚医生（はだしの医者、後述）」を養成して血防工作に参加させた。

## 任屯村における〝輝かしい勝利〟

当然ながら、すべてを紹介しきれるわけではないが、このように『青浦県志』には血防工作の経過がじつに事細かく記載され、その詳しさは県志のなかでも群を抜いている。そして最後には、もちろん任屯村の歴史が〝輝かしい勝利〟として語られる。前述のように、血防工作を五〇年に開始、二二年後の七二年には釘螺を絶滅、七九年にはついに日本住血吸虫病の消滅を宣言し、「送瘟神」に成功したのであった。それを記念した血防陳列館は七四年に建設・開館され、当初は血防展覧館と称した。当館のかたわらの壁には「造福人民」（図9-3）の四文字が刻まれているほか、次のような文を刻んだ記念碑が日本住血吸虫病に対する勝利を高らかに宣言している。

一九八三年、青浦県で日本住血吸虫病が消滅し、人民は喜び祝った。往事を思い起こせば、日本

**図 9 - 3** ●「造福人民」の文字が刻まれた壁（2006 年10 月30 日、筆者撮影）

住血吸虫病が本県全域に流行し、（毛沢東が謳ったように）「万戸蕭疏（万戸蕭く疏となった）」。歴史的に見ると、釘螺が分布した面積は七四〇〇万平方メートル以上、患者は一五万七〇〇〇人以上に達し、症状が軽い者は労働力を喪失し、重い者は「侏儒（しゅじゅ）（子供のように背が低い）」「鼓腹（腹部が太鼓のように脹れ上がる）」となり、罹患した子供は発育不全となり、女性は子供を産めなくなった。田畑は荒れはてて、死者は多数にのぼった。新中国の成立後、青浦県は全国防治血吸虫病工作の重点県の一つに指定され、共産党と人民政府の指導のもと、全県の人民が三三年にもわたって断固として奮戦し、予防と治療を結合させ、総合的に処理した結果、釘螺は絶滅し、病人は治療を受け、「送瘟神」に成功して、人民を幸福にした。今日の青浦県の城内と農村が経済的に繁栄し、各業種が盛んとなって、人びとが長寿となり、実りが豊かであるのは、喜ばしいことである。ここに記念碑をたてて、末永く語りついでいく。

## 鎮志に見える日本住血吸虫病

次に県以下のレベルの一例として鎮志を紹介したい。青浦県徐涇鎮には、徐涇志編纂委員会編『徐涇志』(出版年不明)なる鎮レベルの地方志がある。その第一巻、第十編衛生・体育、第二章除害防病、第二節血吸虫病防治には「徐涇郷(のちに鎮となる。筆者補)は、歴史上において血吸虫病が酷かった。解放以前、水利が整わず、衛生条件も悪かったため、疫水が氾濫し、疾病が流行した。徐涇地区の一七〇にもおよぶ河浜にはたくさんの釘螺がおり、村々には血吸虫病の患者があふれ、感染率は八〇%にも達した。数百年来、自然の「瘟神」がいかに多くの人びとの生命を奪ってきたのであろうか」と記される。徐涇鎮においても、多数の釘螺が河・浜(船溜まり)のなかに棲息し、「疫水」すなわち釘螺からセルカリアが泳ぎだし、雨や洪水などによって溢れでた水に足を踏み入れたり飲水したりしたため、なんと感染率八〇%というきわめて高い数値を示したのであった。ちなみに、ウェブ上の「青浦教育網」の記事にも、青浦県の日本住血吸虫病の歴史が二〇〇年以上にもおよび、青浦県人民の心身の健康を損なってきたこと、国民党統治下の民国期には、青浦県に「防治血吸虫病実験区」の設置を求める動きもあったが、結果的に放置されたままで、戦後の一九五一年になってようやく青浦県血吸虫病防治站が設立されたと述べている。

さらに『徐涇志』から次のような血防工作の進展を確認できる。五三年、徐涇郷聯合診所は血防組を組織、血防工作に着手し、群衆による査螺滅螺運動を展開した。五六年、徐涇郷が「乾河滅螺」を

図９－４

図９－５

図９－４●血防知識の宣伝活動（出典は図９－１に同じ）
図９－５●映画「枯木逢春」の一場面（https://yahoo.jp/64 TA 0 zより転載）。

採用し、河底を乾燥させ釘螺を埋めて殺貝剤を散布した。この年、県内で二番目の血防点・青東（青浦県東部）血吸虫病長程治療点が成立した。また大衆向けに写真などの展覧、映画の放映、糞便日記の公開といった具体的な衛生教育を施し、公共衛生の宣伝活動を展開した（図９－４）。患者の治療には、徐涇人民公社に血吸虫病治療小組が組織され、衛生院の医者（医生）やいわゆる「赤脚医生」から構成されていた。衛生院とは五〇年に成立した聯合診療所に開業医を吸収して五八年に成立したものである。「予防為主、防治結合（予防を主とし、予防と治療を結びつける）」という基本方針を採用した。一方、「赤脚医生」とは六〇～八〇年代に医療のとどいていない農村で最小限の医療行為をおこなった農民をさした。六九年には農村の衛生室を合作医療站とあらため、試験に合格した「赤脚医生」を郷村医生とした。徐涇鎮では、一一の巡回血防組を編成し、アンチモン剤（酒石酸錦鉀）の投与など治療行為をおこなったという。

このように地方では血吸虫病防治站、青東血吸虫病長程治療点、血吸虫病治療小組などといった日本住血吸虫病の予防・治療を実施するさまざまな組織が設けられていた。具体的な釘螺駆除の現場では、釘螺がいる河川の底まで干上がらせて、釘螺の生活環境を変化させたり、釘螺に厚く土をかぶせて埋めてしまったり、殺貝剤を散布したりした。また当時は教育が普及していなかったため、日本住血吸虫病について理解のない農民に向かって、日本住血吸虫病に関する図表や写真などの展覧会、日本住血吸虫病患者を描いた有名な映画『枯木逢春』（六四年、図9-5）、『送瘟神』（六六年）などの鑑賞会、糞便日記のような糞便の徹底的な管理（糞肥を作るとき、糞便中の虫卵を殺すために十分に発酵させた）を記した書物の閲覧などを実施・推奨したようである。さらに治療の現場では、衛生院の医者があたったが、それだけでは人数的にも不十分であったので、保健員のように最低限の医学知識と治療行為を身につけた農民が「赤脚医生」として駆虫剤のアンチモン剤の投与をおこなっていた。

## 血防志という記録（一）――崑山市血防志を事例として

右に見たように、地方志のなかには、特別に日本住血吸虫病に関する項目をたてて、つぶさに状況を記したものがあった。また流行地のなかには、そうした地方志の一項目にとどまらず、日本住血吸虫病のみに焦点をしぼり、血防志と題して一冊の書物を編纂する場合も見られた。筆者も数多く血防志を収集したが、行政機関を単位として編纂されており、非売品であることから入手がきわめて難しいため、中国全土でいったいどれだけの血防志が発行されたかは見当もつかないが、厖大な量にのぼるものと思われる。こうした血防志を丹念に収集して読み込んでいけば、日本住血吸虫病の分布や感染、対策や制度のあり方に地域的な差異があったことを突きとめられるし、地域における地方病観も浮き上がらせることができるであろう。現在、筆者も網羅的な収集を試みているので、今後、機会があれば、総合的な分析をおこないたいと考えている。しかし、ここでは紙幅も限られているので、太湖流域の二種類の血防志を紹介し、その可能性をさぐってみたいと思う。

まず太湖の東に位置する崑山市の崑山市血防志編纂委員会編『崑山市血防志』（一九九五年、図9-6）から見てみよう。目次によれば、内容的には疫情（第一章）、宣伝教育（第二章）、査螺滅螺（第三章、図9-7）、糞水管理和個人防護（第四章）、査病治病（第五章）、耕牛防治（第六章）、防治効果（第九章）、機構人員（第十章）など計一二章からなっている。こうした書籍を公開すること自体、大変有意義なことであるが、一方、筆者の経験では、こうした書籍の編纂にあたっては、委員らが歴史文献の収集

図9-6

図9-7

---

**図9-6**●『崑山市血防志』（崑山市血防志編纂委員会編、上海科学技術文献出版社、1995年）

**図9-7**●農村における査螺滅螺運動（常熟市血防志編纂委員会編『常熟市血防志』上海科学技術文献出版社、1996年より転載）。

や関係者へのインタビューを実施した可能性が高く、それらがファイルなどに整理・保存されていると推測されるので、可能であれば、実際に委員会にまで足をはこんで一次資料を閲覧させてもらいたいところである。

むろん、内容についても、興味深い部分が少なくない。たとえば、疫情（第一章）には歴史文献に残された崑山県（現在の崑山市）の日本住血吸虫病の状況について記述がなされている。明・景泰五年（一四五五）に崑山県で「大水」「大疫」があり、ある詩のなかには「頽垣棄井荒蕪宅、苦凋哀音凍餓妻（田宅荒れ果てて、家族が凍え餓えてうめき声をあげている）」と謳われている。これはしばしば「大水」があったのち、よどんだ水が溜まっているところで釘螺から泳ぎでたセルカリアに寄生され、日本住血吸虫病に感染してしまうことを示すとともに、その後の流行地の村落での悲惨な光景を詠んだものであろう。

また血防志は専門的な研究書ではなく、行政機関から刊行されたものであるから、しばしば記述の根拠が十分に明示されておらず、しっかり裏づけをとる必要が出てくる場合が少なくない。そのため前述のとおり、委員会に赴いて一次資料を確認するか、自分で歴史文献にあたりなおす必要が出てくる。しかし、ともあれ一つの有益な手がかりを与えてくれることはたしかである。たとえば、この血防志では、日本住血吸虫病の治療に取り組んだ地元の中医（漢方医）にも言及している。玉山鎮の龐(ほう)舜祺(しゅんき)、楊湘涇（澱東）の姚家、兵希の徐家の三家が崑山県において代々「臌」——日本住血吸虫病の症状をさすと考えられる——の専門医であった家系であると紹介している。龐氏はじつに約二〇〇年、姚氏は四世、約一三〇年にもわたって日本住血吸虫病患者の治療をおこなってきたという。龐舜祺は乾隆五五年（一七九〇年）ころの人であったから、少なくともそのころには、崑山県で日本住血吸虫病の症例を確認できるわけである。なお、戦後血防工作開始当時の各地の感染率は、玉山鎮が三四・九％、楊湘涇が七九・七％、兵希が六八・六％と、いずれも高い感染率を示していた。

## 血防志という記録（二）——常熟市血防志を事例として

次に、太湖の北にある常熟市の常熟市血防志編纂委員会編『常熟市血防志』（九六年、図9-8）を取り上げてみよう。こちらは市情述要（第一章）、血吸虫病流行情況（第二章）、血防組織機構及経費（第三章）、防治措施（第四章、査螺滅螺、査病治病、糞水管理）、防治成果（第五章）、業務論文（第六章）など計七章からなる。このうち、血吸虫病流行情況（第二章）には歴史文献なども用いながら、かなり詳細な記載がなされている。それによると、古来中国の医学の典籍には「水毒」「蠱毒」「蠱脹」といった感染症にかかわる語句が見え、それらの表現は現在の日本住血吸虫病の症状に酷似しているという。

地元の中医としては、繆仲淳（びょうちゅうじゅん）（一五四六〜一六二七年）、曹仁伯（一七六七〜一八三三年）、余聴鴻（一八四七〜一九〇七年）、周晋麒（一八五七〜一九四四年）の四人が取り上げられている。繆仲淳は明

**図9－8**●『常熟市血防志』（筆者撮影）（常熟市血防志編纂委員会編、百家出版社、1996年）

代後期の医者で、『先醒斎日記』のなかで「蠱脹病」にふれている。清代乾隆・嘉慶年間の福山鎮の名医・曹仁伯は『継志堂医案』に「肝臓と脾臓の不調から症状がわかる。昨年にはその下部から出血し、内部にしこりができ、しばらくしても治癒することはなく、腹部が脹り出してくる」「はじめはしこりが出てきて、次第に腹が脹り、へそが突き出し、青筋が露わになり、足が浮腫んできて、下痢をするようになる」などと記している。これらはまさに現代において明らかになっている、血便や下痢のほか、肝臓・脾臓が腫れ上がって痛みをともない、腹水が溜まって、食道静脈が破裂して出血するという日本住血吸虫病の一連の症状と類似している。また余聴鴻は『診余集』のなかで、光緒八年（一八八二）に常熟城内の一人の婦女を診察し、「腹が太鼓のように脹れ上がり、腰が伸びて背が丸く、へそが突出し、四肢が痩せ衰えて、寝返りを打つのも容易ではない」とその症状を書き残している。これも明らかに日本住血吸虫病の晩期症状の患者と同じである。さらに周晋麒は小東門の迎春橋のかたわらで医業をいとなみ、腹水を抜いて臌脹病を治療することで有名であったとされる。

このように血防志は丁寧に歴史文献にあたり、それを整理・紹介しているものが少なくなく、明清時代以後の日本住血吸虫病の流行状況について興味深い情報を提供してくれる。こうした血防志を広く収集し、しっかりと読み込んで分析を加えていけば、地域における感染・流行の特徴、地域社会における日本住血吸虫病への医学的技術的対応などを十分に検討していけるであろう。これまで血防志を本格的網羅的に利用した研究はないから、中国において猛威を振るった感染症の一つとしての日本住血吸虫病の歴史がどのようにまとめられ、振り返られているのか、総合的に明らかにするためにも、今後の研究をまちたいところである。

## 2　日本住血吸虫病の流行地を歩く――血防工作関係者と医者へのインタビュー

### 日本住血吸虫病関係者をたずねる試み（一）――血防工作関係者・医者に聞く

二〇〇四年、筆者は太湖流域の市鎮・農村調査を立ち上げ、老農民や老漁民など、戦中から戦後にかけての中国農漁村を歩んできた人びとに話を聞きはじめた。第一章で述べたように、中国明清史を中心として発信された地域社会論の影響を強く受けながら、それを現場の人たちから話をうかがうことで、「現地感覚」を養いつつ検証してみようと考えたからであった。当時、中国はまさに経済発展の真っ只中にあり、その開発の波は上海市の最西端に位置した青浦区を乗り越えて、となりの呉江市へも本格的におよんできたところであった。二年後の〇六年には、呉江市東部の蘆墟鎮と黎里鎮が「区鎮合一」の方針のもと、合併されて汾湖鎮となり、これまでに前例のない巨大な経済開発区が成立していた。筆者はこの汾湖鎮や青浦区、周辺の松江区などで農漁民にインタビューをおこない、市鎮や農村の政治・経済・社会・文化・信仰・生活など、さまざまな事柄について繰り返し話を聞いてまわった。この市鎮・農村調査に一区切りをつけたのが一三年ころであったから、約一〇年にもわたったことになる。

太湖流域の日本住血吸虫病については、かならずしも調査開始当初からの調査項目に入っていたわけではなかったが、前述のとおり、インタビューを繰り返すうちに、農漁民の口から自然に日本住血吸虫病について語られるようになり、これに興味関心を有するようになった筆者が中心となって話を聞くようになったのである。日本住血吸虫病についてインタビューをおこなったのは、おもに呉江市汾湖鎮域内の北厙鎮大長港村、上海市西南の太湖よりに位置する松江区陳坊橋鎮、そして日本住血吸虫病でもっとも有名な村である青浦区任屯村の三ヶ所であった。以下では、これらの地点を中心として展開したインタビューのうち、いくつか代表的なものを紹介してみることにしよう。

### 事例一（一）　周家瑜（血防工作関係者）——蘇州の日本住血吸虫病の概況

まず二〇〇八年八月二五日、かつて蘇州市の血防站で働いていた周家瑜氏からうかがった話を整理してみたい。みずからが編纂にかかわった『蘇州血防史志』を携えて蘇州市方志館にまで来てくださった周氏は、一九六六〜九〇年まで一貫して血防工作に従事してきた人物で、筆者にも理解しやすいように、次のように丁寧に話してくれた。大意を紹介してみよう。

蘇州の特徴は「魚米之郷」と呼ばれる、物産が豊富で人口が多いところであったので、経済・政治の中心地となり、交通が発達し、生活は比較的豊かであった。一方で、地勢が低く、周囲は水に囲まれ、湖沼が多く分布していた。水が多いので、当然に人びとの生産・生活も水との接触は切ってもきれず、水稲耕作を生業としていたので、農民は水田に入らねばならなかった。かつては現在のような水道水もなかったから、衣服や野菜を洗うのも河べりであった。都市は井戸水があるのでまだよかったが、農村では前には浜（船溜まり）、後には河と、四方を水に囲まれ、主要な移動手段もまた揺船（手漕ぎ船）であった。

日本住血吸虫のセルカリア（毛蚴）は水中にいて、人や耕牛に経皮感染し、肝臓や脾臓に入って成虫となった。すると、成虫が虫卵を産むことで肝硬変をひきおこし、腹が大きくなって、虫卵は大便とともに体外へと排出された。当時、家庭には水洗トイレがなく、小さな馬桶（おまる）しかなかった。大便は露天の糞坑に捨てたが、雨が降ると、糞坑から水が溢れて河へと流れ込み、虫卵も河へ入って孵化したのである。

蘇州、なかでも崑山県はとくに感染が酷かった。蘇州市全体（崑山県をふくむ）で一〇三万人の感染者が出て、釘螺の分布範囲は四億平方メートルにもおよんだ。崑山県では河という河に釘螺がおり、村という村に患者がいた。新中国成立以前には「大肚子病」とは聞いていたが「日本住血吸虫病」とは知らなかった。もっとも酷いときには一世帯の戸板のうえに二つの死体があった。罹患する者のほとんどが若年層で、それは水に入る機会が多かったからであり、生産にも少なからぬ影響を与えた。「抗米援朝（朝鮮戦争への人民義勇軍の派遣）」では、若者が徴兵されたが、規定により感染者は義勇軍に参加できなかった。ある郷、ある村ではすべての人が日本住血吸虫病に感染していたので応召できなかった。ある村では村民全員が死亡して無人村となった。毛沢東の「送瘟神」の詩はまさに当時の崑山県の農村を描写したものであったといえる。

しかし、当時は科学がいまだ発展しておらず研究も十分ではなかった。多くの幹部は蘇北（江蘇省の長江以北）や山東省といった北方から来た者で、日本住血吸虫病の状況に熟知していなかった。のちにこうした状況を知り、群衆のなかにも状況を報告する者があり、彼らの生命は危機に瀕していたので、地方政府も対処しなくてはならなかった。人民医院に対処させたが、人員が少なすぎたため、専門的な血防領導小組を設け、毛主席は〝かならずや日本住血吸虫病を消滅させねばならない〟と号令を下した。この病は生産・生活・徴兵に影響をおよぼしたので全国的に重視された。

つの課題であった。

## 事例一（二）　周家瑜（血防工作関係者）――査螺滅螺運動

都市では部分的に水道水や井戸水もあり、河水も比較的清潔であった。しかし、農村は糞坑の汚水が河に流れ込んで「疫水」となったうえ、釘螺がとても多かったので、セルカリアが発生して人に感染した。もし感染した釘螺を駆除して、日本住血吸虫の生活サイクルを断ち切ることができれば、血吸虫は生きていけなくなる。重要なのは糞便の管理、河水汚染の防止、釘螺の駆除、患者の治療の四つの課題であった。

日本住血吸虫病の流行について新中国成立以前は不明であるが、五〇年代がもっとも深刻であった。釘螺は多く、蘇州の耕地の半分には棲息していた。駆除する方法もわからない。制度を整えようと、まず血防站が組織され、五六年には血防辦公室が設けられた。日本住血吸虫病は全国一二省市に跨がっており、釘螺は星のようにいたるところに分布していて駆除しきれなかったから、まず「試点」を設置しようということになった。溝渠を泥土で埋めたが、しばらくすると釘螺が這い出てきてしまい失敗した。次に、輸入した薬剤を小規模な範囲で用いたがやはり失敗した。そこで国産の化学薬剤である五氯酚鈉（ＰＣＰ-Ｎａ）を使って実験すると釘螺が死んだので、七〇年以降は江蘇省で大量生産をはじめ、次の三つの「戦役」を展開するようになった。第一に、農村では水田のあぜや溝渠のなかに五氯酚鈉を散布した。第二に、太湖や付近の陽澄湖、澱山湖などの湖では水路を掘り、なかに釘螺を集めて、集中的に薬剤を撒いた。第三に、市鎮などの中小規模の都市では、鎮内を貫流する河浜の岸辺に水面と分けるようにビニール状のうすい膜を張って、岸辺に薬水を散布した。こうして釘螺を駆除したが、現在から見ると、五氯酚鈉は魚まで殺してしまうほど環境を汚染してしまい、問題があった。

毎年四月の清明節前後に釘螺が活動をはじめると、群衆はそれにあわせて査螺滅螺運動を展開した。ある村では一日農作業をやめてずっと査螺をおこなった。小船に乗って、水田・河辺・溝渠などすべてを調査した。耕牛の脚のうえにも数十匹の釘螺がくっついていた。調査したのち、土埋（泥土で埋める）や薬剤の散布をあわせ用いて釘螺を駆除した。

## 事例一（三）　周家瑜（血防工作関係者）——査病治病

感染後の症状については、日本住血吸虫病は基本的に慢性的な疾病で、患者は腹水が溜まり、顔面には黄疸が出て、体は痩せ細った。治療には薬物の経口摂取と注射の二種類があった。前者はアンチモン剤であるが、輸入品であるうえ、副作用が強く危険であった。一方、後者の注射（どのような薬剤かは不明、スチブナールか）は、一五〜二〇日程度のあいだ、一日一〜二回注射する。こちらのほうが効果はあるが、医療行為をおこなえる医者が不足していたため、大隊で「赤脚医生」を養成して注射させた。衛生部の銭信忠はドイツを訪問して一種の薬剤（プラジカンテルのことであろう）を持ち帰って試験的に投与したところ、一日二、三錠を飲むだけでよくなった。

なお、漁民には日本住血吸虫病に感染した者が少なくなかった。彼らはいつも船上にいたが、定期的に会議を開くためにもどってきたので、集めて検査・治療を実施した。平望鎮で治療したり、波浪が大きいときには、漁船をつなげて水上の野戦病院のようにしたりして治療した、とも述べていた。

このように周氏の語りは日本住血吸虫病の現場の状況を生き生きと伝えてくれる。約二五年間にわたって血防工作に従事してきただけあって、体験談をふくめてかなりの説得性をもって語られていた。太湖流域における査螺滅螺運動など、現場で実際に取り組んだからこそわかるきわめて具体的な内容となっていた。周氏には時間の関係などもあって十分なインタビュー時間をとれなかったことが悔やまれるが、いまなら、たとえば、なぜこのような血防工作に従事することになったのか、どうしてこれほど長いあいだ血防工作に身を投じることになったのか、血防工作を通して何を感じ、何を考えるようになったのかなど、さらにインタビューしたい事柄が次々と脳裏にうかぶ。

インタビューの最後に、筆者が「血防工作で困ったことがありましたか」と聞いたとき、「日本住血吸虫病に感染しているか否かの検査のために大便をさせようとしたとき、大便が出てくれなかったことかな」と笑いながら答え、また「工作を進めるうえで、矛盾が生じたことはありませんでしたか」とたずねたときには、「公と私とのあいだに矛盾がありましたよ。薬水を撒いて釘螺を駆除するために河沿いの樹木を伐採しようとすると、農民たちは自分たちが植えたものだったから切りたがらなかったのさ」と述べて、現場ならではの興味深く複雑な心境を教えてくれた。周氏のような現場を

図9-9●馬桂芳氏（筆者撮影）

よく知る人物へのインタビューは「現場感覚」を養うのにきわめて有効であった。

## 事例二　馬桂芳（滅螺隊長・婦女主任）

続いて、二〇〇九年八月二一日に陳坊橋鎮の自宅でインタビューした馬桂芳氏（図9-9）の話を紹介してみよう。当時、彼女はすでに八四歳を迎えており、松江区楊家橋出身の貧農であった、三年ほど小学校に通った経験があったので、簡単な文字の読み書きができた。インタビューした理由は、彼女がかつて婦女主任であるとともに、約三〇～五〇歳ころの一七、八年間、滅螺隊長であったからである。滅螺隊長という肩書きをもった人物へのインタビューはこのときがはじめてであったうえ、婦女主任であったから日本住血吸虫病の現場の女性でもっとも重要な役割を担っていたに違いなく、興味深い話が聞けるのではないかと期待された。彼女の経験談は以下のとおりであった。

滅螺隊は各小隊（生産隊）から一人が選ばれ、合計七人ぐらいか

図9－10●浙江衛生実験院特約研究員、嘉善無凝公社東方紅大隊滅螺専業隊長沈金宝（中央）と隊員たち（1977年、出典は図8－1に同じ）。

ら構成されていた（図9－10）。馬氏は婦女主任としての活躍ぶりを評価され、大隊書記から隊長に任じられた。滅螺隊長のおもな仕事は査螺、つまり釘螺を見つけ出すこと、見つけたら大隊にもどって薬水を取り、それを散布することであった。釘螺は本当に多かった。河岸上の泥土をちょっとさわるだけで十数匹はいた。釘螺が死んだら、その後ふたたび調査するのであるが、また釘螺がいることが多く、もう一度薬水を撒く。河のなか、水田のなか、すべて査螺をおこなったが、釘螺は本当に多すぎ、完全な駆除は難しいと感じた。

滅螺隊長をしているときには白蕩村に住んでいたが、その村にも日本住血吸虫病の患者はいたし、肚皮（腹部）が脹り出していた人もいた。彼女自身も日本住血吸虫病に感染したことがあり、薬として麻油（香油）を飲んだほか、付近の車隊涇や余山鎮（しゃざんちん）に治療に行ったこともあった。患者は若い女性が多かった。なぜなら、農作業のほか、衣服・野菜を洗うたびに水に接触する機会が多かったからであり、逆に老人や子

図9-11●査螺をおこなう女性（出典は図8-5に同じ）

供は少なかった。当時の人びとは感染しても気づかなかったが、腹が脹ってきて病院に行ってようやく知った。

四〇歳前ぐらいのころから、地方政府が日本住血吸虫病に関する宣伝教育をおこなうようになった。村民はみな大隊へ行って、日本住血吸虫病とは何かについて説明を聞いた。松江区血防站にも行って、太湖や澱山湖の状況、日本住血吸虫病の原因、査螺滅螺に関する映画を見た。映画ではどうして日本住血吸虫病に感染するのか、すなわちはだしで水田に入ったり、河水を飲んだりするからであると解説されていた。査螺滅螺運動のときには、河岸上の草がすべて刈り取られ、釘螺を土に埋めたり、五氯酚鈉を散布したりした。また感染の有無を調べるために検便を実施した。

感染した人は、お金があれば病院へ行って治療したが、なければ無料で診てくれる「赤脚医生」をさがした。「赤脚医生」には大隊から給料（工資）が支払われる仕組みになっていたからである（給料がなかったというインタビュー結果もある。後述）。

しかし、彼女の大隊には、王家浜の陸永寿（後述）、張家村の沈桂紅のたった二人の「赤脚医生」しかいなかった。

このように馬氏の滅螺隊長の仕事に関わる話はじつに興味深い内容をふくんでいる。そもそも隊長に女性が任じられていることがあげられる。彼女はたしかに婦女主任のときに隊長に任じられたが、実際に査螺滅螺運動の写真を見ると、運動の参加者に女性が多いことに気づく（図9-11）。これは査螺滅螺運動がおもに女性の手によって担われていたことを示すものであろう。男性には力仕事をはじめ、他にもさまざまな任務があったが、水田やあぜ、溝渠、河岸などでこつこつと釘螺をさがし、薬水を散布するような、体力があまりかからないが忍耐力が要求される仕事は、女性を中心として担われていた可能性が高い。

## 事例三　陳宝珠（婦女主任）

次に、もう一人、同じ婦女主任として血防工作にあたった人物のインタビューを検討してみたい。北厍鎮大長港村の陳宝珠氏（図9-12）である。二〇〇六年九月一一日にインタビューした当時、彼女は六八歳、かつて婦女主任を務めた経験があり、筆者の「当時の婦女主任のおもな仕事は何ですか」という質問に対し「婦女工作、計画生育、血防、助産」の四つをあげた。そこで血防について詳しくたずねてみた。

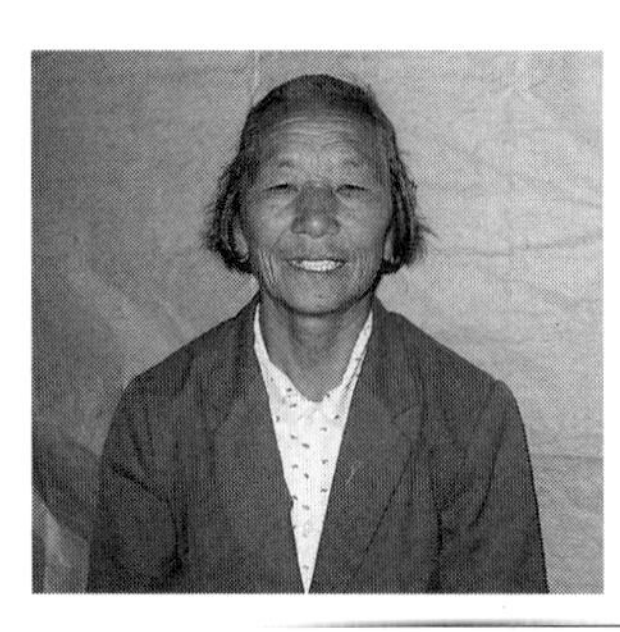

図9-12●陳宝珠氏（筆者撮影）

大躍進運動（一九五八〜五九年）のころ、いつも査螺をおこなった。各生産隊から一人の血防員が選び出され、年に一、二回査螺を実施した。一回目は三月に、二回目は一〇月に、それぞれ気温二〇〜二五度の釘螺の活動が活発化するころをねらっておこなわれた。滅螺には五氯酚鈉が用いられ、河岸では大規模にこれを撒いて釘螺を駆除したが、小さな浜や溝渠では泥土で埋め立てて圧死させた。たとえば、大長港村ではまず五氯酚鈉を撒いたのちに泥土で埋められた。

当初は年に一度検便をおこなったが、その後「化験（血液検査）」に変更した。検査の結果、感染が判明した人はとても多かったが、釘螺の減少とともに感染者数も減っていった。感染がもっとも深刻なとき、大隊で集中的に治療した。当時われわれの大隊のなかでは、大長港村・大長浜村は患者が少なかったが、翁家港村や廊廟湾村では感染が酷く、釘螺の発見ももっとも多かった。

当時の患者は男性のほうが多かった（さきの女性が多いと語った馬桂芳氏へのインタビューとは異なる）。現場で医療行為をおこなったのは「赤脚医生」であった。制度上、「赤脚医生」は婦女主任の管理下にあったが、医療の現場では血防医生のもとで医療に従事した。そのため、血防工作に関する資料はすべて「赤脚医生」がもっていたはずであるという。

前述のように、陳氏は婦女主任の職にあって血防工作にあたっていた。たとえ馬桂芳氏のように滅螺隊長でなくとも、血防は本来的に婦女主任の重要な仕事の一つと見なされていたと思われる。査螺滅螺、検便（のちに化験）、「赤脚医生」の管理をふくむ治療（婦女主任は直接的な医療行為はおこなわない）など、日本住血吸虫病の現場では試行錯誤を繰り返しながら、少しずつ成果をおさめていったのであろう。

### 事例四　周培寧（赤脚医生）

最後に、これまで何度か言及してきた「赤脚医生」（以下ではカギ括弧をとる）として日本住血吸虫病患者の治療にあたった人物へのインタビューを紹介する。二〇〇九年一二月二六日にインタビューした周培寧氏（図9-13）は、蘇州市横涇鎮上林村出身で七五歳、一九五七〜六〇年の四年間、民弁小学（私立学校）の教師を務めたのち、しばらく農業に従事し、六六年以降、現在にいたるまで赤脚医生として務めてきた。ここでは少し赤脚医生という仕事についても語ってもらおう。

まず、なぜ周氏が赤脚医生になったかといえば、もともと医学が好きで、鍼灸などをならっており、病人が来たら治療していた。これが大隊に伝わり、赤脚医生にならないかと誘われたからであった。

図9-13●周培寧氏（筆者撮影）

彼は横涇鎮最初の赤脚医生であった。正式には六七年に赤脚医生の養成がはじまったのであるが、彼は六六年にすでに赤脚医生になっていたのである。六七年以降にはどこの村にも赤脚医生がいるようになった。八〇年には訓練を受けたのち、試験に参加して、郷村医生の証書を取得した。赤脚医生のおもな仕事はさまざまな病気を治療すること、植物を栽培して漢方薬（中草薬）を作ることの二つであった。前者は、医者が少なく、薬も不足していたため、整形外科医であろうが、歯医者であろうが、すべて診療しなければならなかった。一方、後者は、当時まだ西洋薬（西薬）がなかったため、山に行って薬草を採ったり、一筆の土地をもらって薬草を栽培し、漢方薬を作ったりして、病人の診療に用いなければならなかった。六〇年代の農村で多かった病としては、マラリア（瘧疾）・胃腸炎・日本脳炎（夏天乙型脳炎）・脳膜炎（冬春季節脳膜炎）・はしか（麻疹）・百日咳・ジフテリア（白喉）などがあった。

周氏の言では、本人が日本住血吸虫病患者を治療したことはなかった。しかし、査螺滅螺運動に参加したことはあった。滅螺の方法としては、土で埋める（土埋）、殺貝剤の五氯酚鈉を散布する、焼却するの三つがあり、彼はいずれの方法もおこなったことがあった。重要なのは、かつて釘螺が棲息した場所は何度も確認して、再び棲息することのないようにすることであった。なお、彼によれば、赤脚医生には給料（工資）どころか、退職金すらなかったという。

残念ながら、周氏は日本住血吸虫病の診療にほとんどかかわらなかったようであるが、農村の医療・衛生にさまざまなかたちで携わり、査螺滅螺運動にも取り組んだことがわかった。当時の農村では日本住血吸虫病はもちろん、マラリアなど他の多くの感染症が流行していたと考えられるから、今後、そうした感染症とその経験についてもインタビューを進めることが、後世に人と感染症との闘いを伝える重要な作業となろう。

## 事例五（一）　陸永寿（赤脚医生）――糞便検査と薬剤の散布

もう一人、赤脚医生へのインタビューを見ておこう。二〇一一年一二月二四日にインタビューした当時六一歳の陸永寿氏は、新陳家村王家浜の生まれで、さきに紹介した馬桂芳氏のインタビューでも言及された人物であった。彼は一七歳の一九六四年から赤脚医生の仕事を続けて現在にいたっているという。彼は周培寧氏とは異なって、日本住血吸虫病に深く関わってきたらしく、かなりのロングインタビューにもかかわらず、多くの貴重な情報を伝えてくれた。ここでは他のインタビューとの重複

図９－14

図９－15

**図９－14**●糞便検査（出典は図９－７に同じ）
**図９－15**●薬剤の散布による滅螺（出典は図９－７に同じ）

を避けながら、陸氏ならではの興味深い内容にのみふれることにしたい。

まず、感染の有無を知る方法としては「普検」とよばれた糞便検査（検便）があり（図９－14）、毎年四〜五月に一度実施された。八〇年ごろに「化験」すなわち血液検査（血検）へと変わった。糞便検査は大便のなかから虫卵をさがし出したのち、適当な温度のもと、フラスコのなかで孵化させ、孵化した幼虫を調べて日本住血吸虫か否かを判定するものであった。一方、血液検査は、血絲虫病（フィラリア）のように耳から採血するのではなく、体内に寄生した成虫がひそむ静脈から採血して判定した。

一九五七〜五八年に日本住血吸虫病の本格的な治療が開始された。もっとも深刻だったのは七〇年代であり、八四〜八五年には基本的に消滅させた。消滅に成功した最大の理由は何かと問われた陸氏は、査病治病という治療の実施、査螺滅螺という釘螺の駆除の二つが重要な役割を果たしたとしつつも、もう一つ糞便の管理を忘れてはならないとした。前述のように、かつて水洗トイレのなかった時代、馬桶（あるいは糞缸）しかなく、溜まると河浜に直接捨てに行った。これは血吸虫の虫卵を河浜に流すのと同じであった。そこで糞坑（糞池、肥溜め）を改善し、三段階に密封して発酵させ、虫卵を殺すようにしたのち、感染のコントロールがようやく容易になり、日本住血吸虫病の感染率も減少していった。

滅螺のさいには、五氯酚鈉が散布されたが（図9-15）、それを嫌がる農民もいた。もし自分の自留地（農業の集団化のなかで個人消費や副業用に割り当てられた耕地）で釘螺が発見されたら、駆除するために薬剤を撒かねばならないが、副作用が強く、草もすべて枯れるうえ、肝心の生産物も収穫が悪くなるか、あるいは栽培自体すらできなくなってしまった。国家による賠償はあるにはあったが、賠償されてもやはり農民は薬剤の散布を望まなかった。陸氏は農民に状況を説明し説得したが、長期間こうした仕事をしていると、自分も日本住血吸虫病に感染する危険があった。

## 事例五（二）　陸永寿（赤脚医生）――患者への偏見と恐怖

他の病気との併発に関しては、肝臓と脾臓への負担が大きく、心臓に影響することもあった。肝臓・脾臓が肥大化し、肝硬変を起こすと出血した。ときには血吸虫が脳内にまで達し、脳病を引き起こす可能性があった。この場合は非常に面倒なことになった。治療薬（アンチモン剤）は心臓に副作用をもたらす場合があった。妊婦が感染しても、子供に影響が出ることはほとんどなかった。手術が必要となるのは、腹部が脹って、肝臓・脾臓が肥大化したときである。酷い場合には血吸虫が巣くっている部分を切除する。血管が硬化し、静脈が曲がって破裂しやすく、破裂して出血したら大変だからである。治療後に後遺症の有無については、個人差があった。とくに一般的には何もなかったが、肝硬変などの重症患者の場合、継続して治療する必要があった。

日本住血吸虫病患者への偏見はあったのかとの問いに対しては「ありましたよ。見るからに労働力を失い、農作業もできなくなっていたのですから」と答えた。日本住血吸虫病への恐怖感については、患者本人はもちろん、その周囲の人びとも共有していた。後者にとっては外見上、腹部が脹っている人を目撃すれば、それは死を想像させたし、前者にとっては、宣伝教育のなかで見た映画では、日本住血吸虫病患者は最後にみな死亡していたからであった。したがって、周囲の人びとは患者とつきあうことはなく、そもそもこの病の詳細を知らなかった。たとえば、二〇歳になっても身長が低く、原因もわからず、最終的には〝矮人症（小人症）〟と見なされていた。

図９－16●陸夫金氏（筆者撮影）

このように陸氏は長年にわたって日本住血吸虫病と向きあってきたので、その語りはじつに具体的で、本人の経験や知識が豊かであることを如実に示していた。すべてを紹介しきれないのは残念であるが、赤脚医生の目から地域社会を描出しようとするとき、興味深い視点を与えてくれるのはいうまでもないであろう。

## 事例六　陸夫金（衛生員）

インタビューを締め括るにあたって、あの任屯村で衛生員を務めた人物、陸夫金氏（図９-16）へのインタビューを検討しておきたい。二〇一三年一二月二五日にたずねたとき、彼女は六六歳、任屯村出身で、八歳のときから任屯小学に四年、西岑小学に二年通ったのち、農作業に従事、六六年一八歳のときに衛生員となり、朱家角鎮へ赴いて三ヶ月間の訓練を受けた。彼女は任屯村最初の衛生員であった。六七年以降には各生産隊に一人の衛生員がいた。こうした一連の経緯からすれば、任屯村ではいわゆる赤脚医生を衛生員と呼んだと思われる。

衛生員のおもな仕事は、風邪などの診察、注射、傷口の処置であった。六六年の後半には青浦県に行き、日本住血吸虫病患者の治療、査螺滅螺などについて学習した。六八年には上海市の中山医院が約一〇人の医者を任屯村に派遣してきたので、彼女は滅螺隊に参加した。各生産隊から一人の滅螺員が選ばれ、それらの滅螺員によって大隊の滅螺隊が組織された。任屯村には任雨華という血防幹部がおり、彼女が査螺滅螺や草刈りなどを手配した。同年には、上海第九人民医院および衛生部によって組織された医療隊も任屯村にやって来て、血防工作を開始、集中的な治療を実施するとともに、「四清工作（幹部の管理、経済、分配の公平性、貪汚の有無などの工作）」を展開した。各生産隊の衛生員に命じて検便を実施させ、それを医療隊に提出して、日本住血吸虫病の感染状況を調査した。もし重症患者があれば、朱家角医院へと転院させた。

筆者はこの陸氏のほかにも、任屯村および近隣の北任村の数名の衛生員にインタビューをおこなった。いずれも、五〇年代当初は日本住血吸虫病という名も知らず、〝肚胞病〟という民間の呼び方しか知らなかったこと、上海市から医者が派遣されてきて治療し（六七年にはイギリスの医者も来村し、日本住血吸虫病の状況を参観していったという）、腹水を抜いてくれたこと、死亡率が高かったことなど、比較的に知られた話しかうかがうことができなかった。ただし、インタビューしたさいの印象的としては、日本住血吸虫病で全国から注目された任屯村だけあって、上海市や衛生部からの積極的で手厚い医療支援が展開されただけでなく、同時に「四清工作」という階級闘争と結びつけて記憶されるなど、そこには政治的な思惑も絡んでいたように思われる。血防工作の展開それ自体が政治性を帯びていたことは、前章で紹介した感染症と政治の関係の現場への反映と見なすことができるのではなかろうか。

# 第10章　現代中国の輸入性血吸虫病と「一帯一路」構想

## 1　日本住血吸虫病の最新状況——国内における他省からの〝輸入〟

### 忘却されつつある日本住血吸虫病

これまで歴史文献のほか、太湖流域の市鎮・農村調査におけるインタビュー記録を用いて、日本住血吸虫病に関する興味深い情報をすくい取りながら、「現地感覚」をともなった地域社会と感染症の歴史について概観してきた。歴史文献を深く検討することで、その地域社会で過去にどのような出来事が発生し、それを書き残した知識人層がそうした事態をどのように観察し、そこに何を見いだしたのか、知識人層の目を借りながら俯瞰することができた。そこにさらにフィールドワークによる景観調査や、インタビューによる現場のナマの声に耳を傾けることで、「現地感覚」を養い、歴史文献には残りにくい地域社会のさまざまな人びとの思いや考え方にふれることができた。そうしたなかで現代中国がどのように伝統中国と連続し、あるいは断絶しているのか、現代中国を理解する手がかりを得られたように思う。日本住血吸虫病の場合、共産党によって毛沢東あるいは党の「偉大なる勝利の物語」として政治的に利用され、党の指導の優越性と人民の生命を救ったという美点のみが宣伝されてきた。しかし一方で、現場のナマの声を聞くと、日本住血吸虫病治療用の薬剤（アンチモン剤）や釘螺の殺貝剤（五氯酚鈉）などに少なからぬ毒性・副作用があり、必ずしも成功とはいえないような事例も少なくなかったが、そうした負の歴史については党によって都合よく忘却されていた。

第八・九章で述べてきたとおり、日本住血吸虫病はあくまでも長江・珠江流域の一つの地方病にすぎなかったが、中国の近現代史にきわめて大きな影響をおよぼし、現場の人びとの生命だけでなく、政治に携わる人の運命までをも左右する存在であった。日本住血吸虫病はかつて日本でも山梨・広島や佐賀などの県において人びとを苦しめてきたが、すでに遠く過去の出来事になりつつあり、いまでは福岡県久留米市宮ノ陣町宮瀬にたてられた「宮入貝供養碑」や、長野県長野市篠ノ井にある宮入慶之助記念館などが当時の苦しみや克服のための激闘を語るのみである。中国でも完全な消滅とまではいかなくとも、事情はほとんど同じような道のりを歩み続けており、日本住血吸虫病の猛威ははるか忘却の彼方へ消え去りつつあるといってよいほどである。

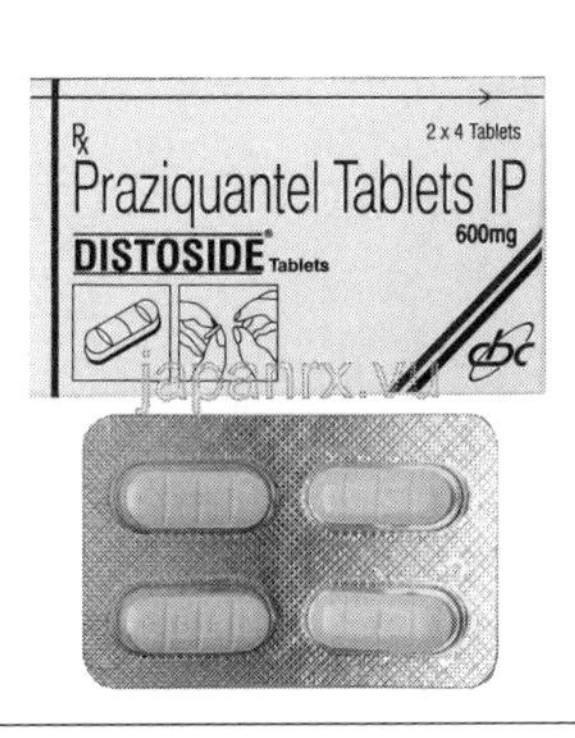


図10-1●駆虫薬プラジカンテル（https://www.japanrx.vu/jpn/プラジカンテル_ビルトリシド_ジェネリック_-p-537.htmlより転載）

## 住血吸虫病の完全消滅をめざす世界保健機関（WHO）と中国

かかる状況にあるとはいえ、中国は国土が広く、自然環境も多様であるため、いまもなお釘螺は多数棲息し、長雨や洪水など自然環境に変化が起これば、感染者は容易に発生する可能性を秘めている。日本住血吸虫病の〝捲土重来〟が恐怖されることすらあるのは、第八章で指摘したとおりであり、地方政府にとっても頭の痛い課題であることに変わりはなかった。

同じく第八章でふれたように、日本住血吸虫病はあくまで住血吸虫病の一種にすぎず、ほかにビルハルツ住血吸虫病、マンソン住血吸虫病、メコン住血吸虫病などがあり、それらのすみやかな消滅は地球規模の課題となっている。現在でも多数の感染者を出しているのは、サハラ以南のアフリカ、ブラジル、中東諸国などであるが、世界保健機関（WHO）は二〇二〇年までに住血吸虫病を抑制可能な疾病とし、二〇二五年までには完全に消滅させることを目標に掲げている。具体的な施策としては、世界保健機関（WHO）、世界銀行、製薬企業や財団などの支援によるプラジカンテル（図10-1、ドイツのバイエル社が開発した薬剤）の集団投与などがそれにあたる。一方、中国政府も独自に「〝健康中国二〇三〇〟規画綱要」を発表して、二〇三〇年までの日本住血吸虫病の基本的な消滅をめざしている。

## 『中国血吸虫病防治雑誌』の刊行

中国における日本住血吸虫病の最新の流行状況については、医者や行政機関が定期的に報告・発表をおこなっており、またその内容に関する分析も進んでいる。二〇〇〇年前後から現在にいたるまでの近二〇年の医学界における分析結果には興味深いものがあり、歴史的経緯を知る筆者にとっても少なからぬ関心があるため、以下では、おもに現代の医者たちによる二篇の論文を中心に紹介・整理しながら、われわれ中国を観察する人間にとって注目すべき論点を提示していくことにしよう。

それら論文とは、二〇一七年に『中国寄生虫学与寄生虫病雑誌』三五巻六期に、関周・昌山・李石柱・許静ら四人によって執筆された「我国流動人口血吸虫病流行現状及防控挑戦（わが国の流動人口における住血吸虫病流行の現状とその防御・抑制）」、ならびに二〇一九年に『中国血吸虫病防治雑誌』三一巻六期に、張利娟・徐志敏・郭婧怡ら九人によって発表された「二〇一八年全国血吸虫病疫情通報（二〇一八年全国住血吸虫病の状況に関する報告）」である。執筆者は中国疾病予防控制中心寄生虫

**図10-2**●『中国血吸虫病防治雑誌』（筆者撮影）（江蘇省衛生健康委員会主管、江蘇省血吸虫病防治研究所主辦、1989年～現在）

病予防控制所、WHO熱帯病合作中心、科技部国家熱帯病国際連合研究中心、衛生部寄生虫病原与媒介生物学重点実験室といった医療・衛生機関に勤務する人びとである。これらの論文は『中国寄生虫学与寄生虫病雑誌』『中国血吸虫病防治雑誌』（図10-2）といった医学雑誌に掲載されており、とくに一九八九年に創刊され、国家衛生健康委員会の主管を受け、江蘇省血吸虫病防治研究所・中華予防医学会によって編集されている後者には、医学の立場から住血吸虫病に関わる論文やデータが多数公開されていて、きわめて有用である。筆者はこれらの雑誌に収載された論文のうちで、歴史学者にとっても注目すべき内容をふくむもの——「医学史家」のほか、医薬学的な分析ではなく現状における課題を整理・討論する研究者によって執筆されたもの——が少なくないと判断し、いくつかピックアップして読み込むなかで、右の二点にたどりついたというわけである。そこから順に論点を整理していくことにしよう。また必要に応じて二点以外の論文も援用していく。

## 流動人口による地域を跨いだ感染――「境内輸入性血吸虫病」

第一に、中国国内の流動人口と日本住血吸虫病との関係である。そもそも流動人口とは、中国の戸籍制度――都市戸籍と農村戸籍に分けるという二元的な戸籍制度――と関係して、おもに出稼ぎなどの理由で本籍所在地（とくに農村）を離れ、都市へと移り住んでいる人びとをさしている。一九九三年には七〇〇〇千万、二〇〇五年には一・四七億、二〇一五年頃には二・五三億と総人口の六分の一を占め、二〇五〇年までには三・五億に達すると見込まれている。彼らは流動性がきわめて高く、その大部分が農民工（民工）とよばれる出稼ぎ労働者であり、学歴が低く、収入が少なかった。おもに北京・上海・広州・深圳などの大都市において、とくに技術などを必要としない建築業や内装業、ないしは飲食業などの職に就き、劣悪な生活・衛生条件のなかで生活していた。したがって健康や保健衛生への意識がうすく、感染症に罹患する確率が都市民に比べてかなり高かった。

日本住血吸虫病についていえば、もともと日本住血吸虫病の非流行地である長江以北からやって来た流動人口は、流行地である長江以南に赴くと、現地の人びとよりも感染しやすく、また重症化する傾向が強かった。具体的には、上海・広東・広西・福建・浙江の五つの省・市では、一九九五年以前にほぼ基本的な消滅に成功していたが、江西・江蘇・安徽・湖南・湖北などの省では湖沼が多数分布し、また雲南や四川の山区では自然環境が複雑であったため、なかなか収束が進まない状況にあった。流動人口は感染したのち、気づかぬまま移動することもしばしばあったため、基本的に消滅に成功している省・市に持ち込んで、感染が再発したり、これまで感染のなかった地に新たな流行を形成したりした。

たとえば、浙江省の場合、九五年には基本的に消滅していたが（以下、消滅とのみ記す）、九六〜二〇一一年のあいだに報告された感染者の六六％以上が江西・安徽両省からの流動人口であった。広西省は八八年に消滅に成功したが、その後二〇年ほどのあいだに、三〇例ほどの感染者があり、もっとも多いのが湖北、次いで湖南・安徽・江西などの省からの流動人口であった。福建省は〇八年に消滅したが、その後やはり三〇例ほどの感染者があり、彼らは湖北・江西・安徽などからの流動人口であったり、あるいはかつて湖北に行き、感染してもどってきた農民工や商人であったりした。上海市も九六〜二〇〇五年のあいだに三一例の感染者があったが、内訳は安徽・江西ともに八例、湖北六例、湖南五例、江蘇四例の流動人口であった。二〇〇四年以降の数字を見ると、上海の感染者は安徽がもっとも多く、次いで江西・湖南・湖北・四川・雲南・江蘇の順であった。また、広東省でも周辺諸省からの流動人口の感染が少なからず見られたという報告がある。このように他省から持ち込まれた症例を中国では「輸入性血吸虫病」、とくに国内における越省を強調する場合には「境内輸入性血吸虫病」と呼んでいる。

## 船上生活漁民と青壮年の感染

第二に、第六・七章で論じたように、船上生活漁民は基本的に船上（水上）で日常生活を送り、つねに水と接触する状態にあったから、日本住血吸虫病に感染する可能性が高かった。九〇～九六年における江西省の船上生活漁民の感染率は一九・六～五五・四％、湖南のそれは一八・二～四五・五％、湖北省のそれは三九・一％と高い数値を示していた。また、八〇年代後半にある研究者が江西省の洞庭湖の船上生活漁民の糞便を検査したところ、なんと四六・二％もの人びとが感染していた。一五年の全国的な調査でも流動人口中もっとも高い感染率を示したのが船上生活漁民であったという。本書では十分にふれられなかったが、筆者が調査した上海・江蘇・浙江でも、船上生活漁民のなかにはかつて日本住血吸虫病に感染した経験を有する者が少なからず確認された。

第三に、一九～五七歳のいわば働き盛りの青壮年に感染者が多かったことがある。青壮年の場合、さきにも指摘したように、出稼ぎで各地へ移動したから、非流行地の青壮年が流行地へ行って感染してもどってきたり、すでに感染した青壮年が非流行地に運び込んだりしたのである。具体的には、青壮年の男性は水稲耕作、農地開墾、養殖業などに携わることが多く、日本住血吸虫病に感染する危険性が高かった。そのほかにも、流行地では洗濯をする青壮年の女性によく感染が見られたとされる。つまり男女を問わず、青壮年が肉体的な労働や家事などで水と接触することによって容易に感染されたと思われる。

## 農村から都市への蔓延、自然・生態環境の改変による危険性の増加

第四に、近年の中国における急速な経済発展、それにともなう大量の流動人口（労働人口）の農村から都市への移動、とりわけ流行地からの移動が「城市（都市）輸入性血吸虫病」の多数の事例を惹き起していた。たとえ、都市では感染の一定の抑制が可能であったとしても、釘螺の棲息する面積は拡大する可能性を残しており、もし日本住血吸虫病が持ち込まれ、管理が十分でなかったときには、釘螺の陽性率があがり、よって日本住血吸虫病の感染の潜在的な可能性が高くなった。たとえば、武漢ではかつて歴史上、釘螺もなく感染もなかったが、一九八七年にはじめて釘螺の繁殖が確認され、その後、次第に拡大し、ついに八九年に急性日本住血吸虫病が大流行し、一六〇四例の患者が発生、住民の検便による陽性率は一六％に達した。これは流行地から移動してきた流動人口によって釘螺が持ち込まれた――水産品としての魚貝類や、工事現場の泥土に紛れ込んでいた可能性が指摘されている――と推測されている。九四年には安徽省の蕪湖でも五二三例の急性日本住血吸虫病患者が報告されている。また、都市の住民が農村へ旅行に行って感染し、無意識に都市へと持ち込んだことにも注意が払われている。

最後に、人為的な自然・生態環境の改変による感染流行の危険性の増加がある。有名なものとしては、アフリカでは、一九七〇年に建設されたエジプトのナイル川のアスワンハイダムのほか、サハラ以南のセネガル川やボルタ川のダムが完成したのち、中間宿主となる巻き貝の数が大幅に増加し、住

**図10-3**●三峡ダム（湖北省）（https://yahoo.jp/2rEENOより転載）。

血吸虫病（ビルハルツ住血吸虫病）がふたたび流行するようになったことがあげられる。中国では、長江中流域の湖北省で一九九三年に着工し、二〇〇九年に完成した三峡ダム（図10-3）も同様の事態が発生するのではないかと危惧されている。ダムの完成によって釘螺の棲息しやすい環境が生み出されたと考えられているからである。また、社会経済の発展にともない、三峡ダム付近には、毎年工業・建設業に関わる数多くの外来の労働者が流入しており、なかには日本住血吸虫病の流行地からの者も少なくなく、彼らが農業などの生産労働に従事して感染を拡大するのではないかと心配されている。実際に、八九年には一組みの夫婦が三峡ダム付近の建設工事に携わるため、重慶市から湖北省の江陵へ四人の子供をつれて移動したところ、子供たちが一ヶ月後に急性日本住血吸虫病に感染した事例もある。このように三峡ダム付近での経済・観光業などの発展にしたがって、毎年多くの人が出張や商売、旅行などでこの地を訪れるようになり、その結果、ダム付近は日本住血吸虫病の流行地となる様相を呈しつつある。

こうして見ると、中国は全体的な傾向としては日本住血吸虫病の消滅に向けて確実な歩みを進めつつあるが、それがいまだに重要な課題の一つであることに変わりはない。しばしば中国では、これを「最後一公里問題（消滅へ向けてのラストスパート）」といい、消滅の達成まであと一歩と見なされている。二〇一八年は毛沢東の「送瘟神」発表六〇周年にあたり、血防陳列館などでは記念行事が開催され、各地で新たな「送瘟神」を誓う〝血防精神〟が鼓舞された。目下、消滅の目標とされている二〇三〇年まで、中国が日本住血吸虫病の封じ込めにいかなる手法を講ずるかは注目に値しよう。

## 2　中国人のアフリカ進出と感染

### グローバル化による国家を跨いだ感染——「境外輸入性血吸虫病」

ここまで中国国内の日本住血吸虫病について説明を加えてきたが、じつはこの住血吸虫病の問題は国内のみにとどまるものではなかった。近年では、国外（海外）からもたらされる住血吸虫病が次第に大きな問題となりつつある。その背景にはいわゆるグローバル化による金融網・交通網の発達のなかで、地球規模の経済の一体化が進み、貿易・旅行・援助活動などのさまざまな分野において、国際交流が各地で活発に展開されたことがあった。当然ながら、ヒト・モノ・カネの激しい流動とともに感染症もこれまでにない勢いで伝播するようになった。ここではアフリカとの関係に注目してみよう。

中国とアフリカとの関係（中非関係）についていえば、かつての冷戦時代から中国は「第三世界」の指導者としてアフリカを支援してきた。とりわけ六〇年代になると、今度は中国の国際連合への加盟にアフリカ諸国の支持が必要になり、人材援助という名のもとに中国政府奨学金による一方的な政府派遣の留学生受け入れが戦略的におこなわれるようになった。二〇〇七年九月までの政府奨学金によるアフリカ留学生受け入れは五〇カ国、二・一万人におよんだという。ちなみに、筆者が中国人民大学に留学した九五～九七年でも、日本人・韓国人留学生以外に目立って多かったのはアフリカからの留学生であった。当時こうしたアフリカからの留学生は中国の奨学金を受けた政府派遣であるとうわさに聞いていたが、多くは生活に十分な経済的余裕がなく、授業以外はあまり旅行も外出もせず、留学生会館のなかに滞留していたことを覚えている。筆者はコンゴ（剛果）からの留学生と食事会など交流する機会をもったことがあった。

日本住血吸虫病との関係に話をもどすと、一九七〇年代後半、中国から赤道ギニアに海外支援活動の人員が派遣されたが、帰国後に多くの人のマンソン住血吸虫病感染が判明したという事案がはじめて発生した。近年では、たとえば、日本貿易振興機構（ジェトロ）アジア経済研究所のホームページに「最近中国がアフリカに急接近しているのは、慈善的な理想主義とはほとんど関係がない。それは、急成長する自国経済と、その輸出品に対する新しい消費者市場に対応するために、必要不可欠な原料、とくに石油および鉄鉱石にアクセスすることを最大の関心事としているからである」と記載されているように、中国・アフリカ間においてさまざまな目的から経済的な結びつきや「支援」「援助」がおこなわれるなか、アフリカに赴いた建設業・農業開拓など中国人労働者が、ビルハルツ住血吸虫病やマンソン住血吸虫病に感染したという報道がしばしばなされている。こうした国外（海外）で感染し、そのまま中国に持ち込む症例を「境外輸入性血吸虫病」と呼んでいる。

## 『中国血吸虫病防治雑誌』に見える「境外輸入性血吸虫病」の実例

ここでは二〇一四年に『中国血吸虫病防治雑誌』二六巻二期に掲載された朱蓉・許静「我国境外輸入性血吸虫病的疫情現状与防控思考（わが国の境外輸入性血吸虫病の感染の現状と抑制・防御に関する思考）」から実例を紹介してみよう。たとえば、一九七九～二〇一三年に北京・福建・広東など九つの省で報告された「境外輸入性血吸虫病」の症例は三六五例あり、そのうちビルハルツ住血吸虫病は二七九例（七六・四%）、マンソン住血吸虫病は七一例（一九・・五%）、その他の住血吸虫病は一五例であった。また、国籍別に見ると、中国籍が三二三例（八八・5%）、外国籍が四二例（一一・五%）であり、外国籍の内訳はエジプト（埃及）一二例、マリ（馬里）一〇例、ザンジバル（桑給巴爾）五例、タンザニア（坦桑尼亜）五例、ザンビア（賛比亜）五例、イエメン（也門）三例、ギニア（幾内亜）一

図10-4●『非洲血吸虫病学』（筆者撮影）（任光輝・梁幼生主編、人民衛生出版社、2015年）

例、モザンビーク（莫桑比克）一例のアフリカ・中東の八つの国家と地域であった。四〇人は中国への留学生、残り二人は不明である。全体として比率は低いが、アフリカの留学生が感染したまま中国に留学したと考えられる。

中国籍のうち、男性が三一八例（九八・五％）、女性が五例（一・五％）、年齢は二八〜五〇歳で、外国籍のうち、男性が三七例、女性が五例、年齢は一五〜二七歳であった。いずれも男性の青壮年が圧倒的に多いことがわかる。また、中国籍の患者が感染した場所を見ると、アンゴラ（安哥拉）、モザンビーク、南アフリカなど一五カ国にわたり、七四・九％の患者が道路・鉄道・飛行場などの建設や地質調査に従事していた。中国のアフリカ進出にともなって、多くの中国人商人、労働者、技術者、旅行者がアフリカを訪れるなかで、現地で知らず知らずに汚染された水に接触し感染、そのまま帰国したと思われる。グローバル化の影響で、はるか遠くアフリカから中国にまで地方病が運ばれたのであって、ときには気づかぬうちに水産品などとともに、アフリカの巻き貝が中国にもたらされ、中国の湖沼で繁殖した例も見られた。

また、こうした中国のアフリカ熱の高まりと住血吸虫病感染のリスクの増大を背景として、二〇一五年に任光輝・梁幼生主編『非洲血吸虫病学（アフリカ住血吸虫病病学）』（人民衛生出版社、図10-4）が出版された。その第一五章・第三節「アフリカに赴く人員の概況と住血吸虫病のリスク」のなかでは、アフリカで中国人が住血吸虫病の危険にさらされるケースを、①労働力の輸出、②アフリカ援助の医療隊、③学校教育の援助、④観光旅行の四つに分類している。①は中国政府の意向もあって、一三年までにアフリカの五〇以上の国家の採掘・製造・建築・旅行・環境資源・農林牧漁業といった産業に、二〇〇〇を越える中国企業が参加したが、これらの国家はビルハルツ住血吸虫病やマンソン住血吸虫病の流行地であり、また滞在期間も一～五年と比較的長期におよんだため、感染のリスクが高かった。②については後述するが、簡単にいえば、中国の医療隊がアフリカに医療援助に赴いた結果、みずからも感染してしまうという事例である。③はアフリカの人材不足を補うため、中国政府が教育の専門家や青年ボランティアをアフリカに派遣し、アフリカ自身の〝造血〟をねらったものである。一二年までにアフリカに一三五ヶ所の学校を建設、四・八万人に政府奨学金を与えて中国に留学させた。しかし現地の環境衛生や医療水準は低く、汚染された水に接触して、しばしば住血吸虫病に感染した。④はとくに二〇〇〇年以降に急速に発展したアフリカ観光旅行と関係する。二〇〇九年までにエジプト・南アフリカ・ケニア（肯尼亜）をトップ3とする、モーリシャス（毛里求斯）・ジンバブエ（津巴布韋）・セイシェル（塞舌爾）・タンザニア・チュニジア（突尼斯）など二八カ国が中国人の観光地として次第に発展を遂げ、〇九年には延べ人数で三八・一万人もの中国人がアフリカを訪れた。こうした旅行者がビルハルツ住血吸虫病・マンソン住血吸虫病に感染する事例は多く、理由としては湖水や河川での遊泳、川下りなどの水上遊覧活動があげられる。近年、中国人のアフリカ旅行はますます加熱しているため、感染のリスクも同時に増加しつつある。

こうして少なからぬ中国人が、本国ではすでに日本住血吸虫病は基本的に消滅したにもかかわらず、アフリカや中東に戦略的な「支援」「援助」を実施していく過程で、日本住血吸虫病とは同じ住血吸虫病でありながらも、生態や感染経路、症状などがやや異なるビルハルツ住血吸虫病・マンソン住血吸虫病に感染したのであった。これはかつてヨーロッパ諸国がアフリカの植民地化を進めるさいに、各地で遭遇したさまざまな熱帯病（回虫症・鉤虫症などの土壌伝播性蠕虫感染症、フィラリア、デング熱、アフリカ眠り病など）と似たような状態を呈していたといえるかもしれない。もちろん、単純な比較には慎重でなければならないが、ヨーロッパ人に遅れてアフリカに入った中国人も、やはり現地の地方病に苦しめられることになったのである。

## 3　「一帯一路」構想と血防経験の〝輸出〟

### 「一帯一路」構想と中国人のアフリカ進出

これまでグローバル化のなかで、アフリカ人の政府派遣による中国留学や、中国人のアフリカ旅行・中長期滞在などを通じて、中国には本来ならば存在しないはずのビルハルツ住血吸虫病やマンソン住血吸虫病が持ち込まれていたことを述べた。こうした動向にはとくに近年の中国の国家的プロジェクトである「一帯一路」構想（図10-5）との密接な関係が想定できる。大量の中国人のアフリカ進出も「一帯一路」構想を背景として、官民を問わず、推し進められていることは容易に想像できるからである。

「一帯一路」構想というのは、周知のように、二〇一三年三月、国家主席に選出された習近平が、広域経済圏構想・巨大経済圏構想として提唱した中国を中心とする経済圏の構築をめざしたものであった。「一帯」とは中国語でいう「絲綢之路経済帯」すなわち「シルクロード経済ベルト」、「一路」とは「二一世紀海上絲綢之路」すなわち「二一世紀海上シルクロード」をさしている。前者は中国から中央アジア・ロシアをへてヨーロッパへ、あるいは中国から中央アジア・西アジアをへてペルシャ湾・地中海へ、ないしは中国から東南アジア・南アジア・インド洋へといったルートを想定し、後者

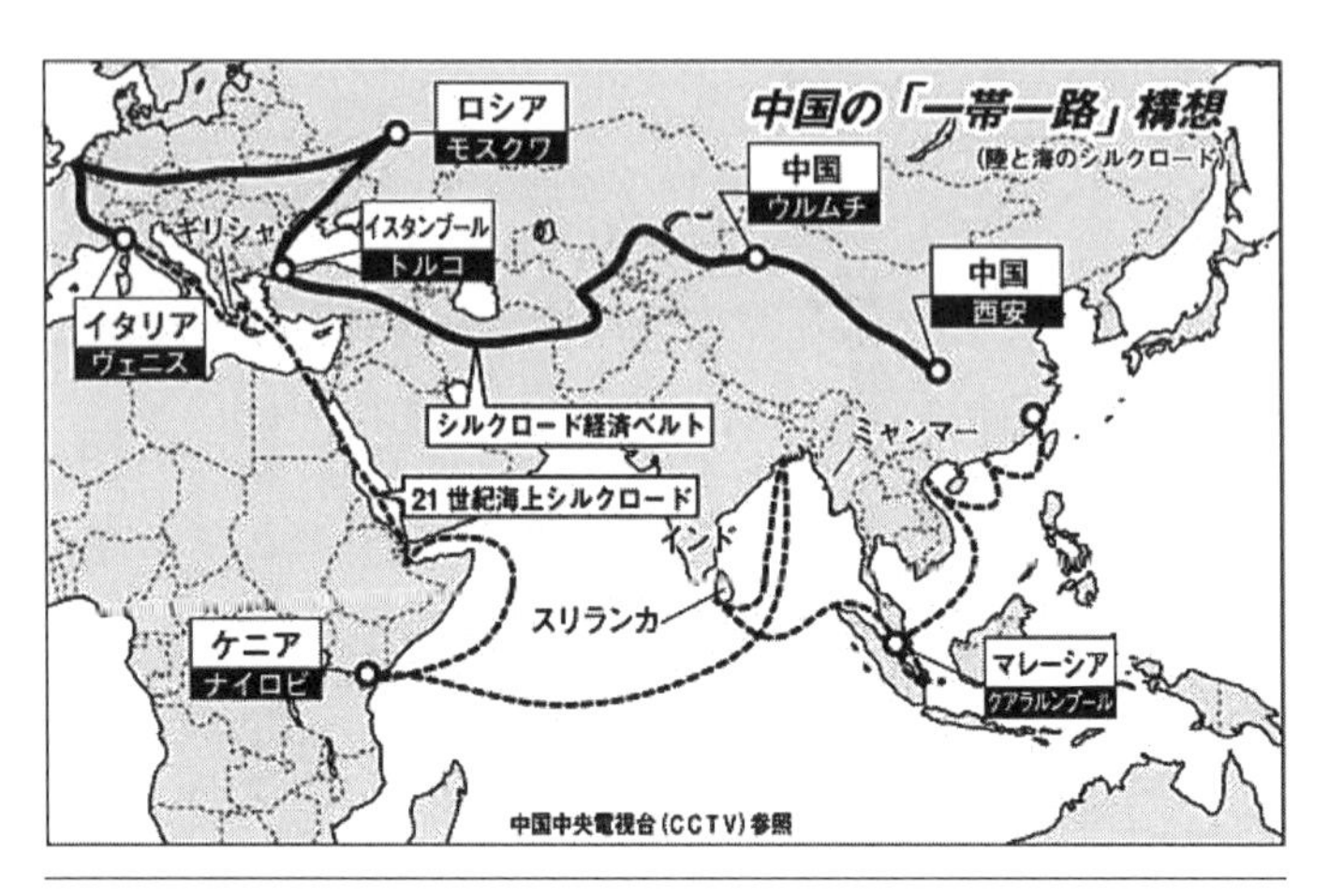


図10-5●中国の「一帯一路」構想(https://www.chosyu-journal.jp/kokusai/5792 より転載)

は中国の沿海の海港都市から南シナ海をへてインド洋、さらにアフリカ東岸、ヨーロッパへと延びる海上ルートを想定しつつ、インフラ投資や貿易の促進、エネルギー資源の開発のほか、さまざまな「支援」「援助」をおこなうことを標榜している。

## 「一帯一路」構想への衛生安全保障の提供

この中国の「一帯一路」構想のなかに医療や公共衛生はふくまれているのだろうか。そうであるとすれば、どのように位置づけられているのか。とりわけ、日本住血吸虫病に限定するならば、何らかの役割がすでに準備されているのであろうか。以下では、一八年に『中国血吸虫病防治雑誌』三〇巻二期に発表された曹淳力・郭家鋼「〝一帯一路〟建設中重要寄生虫病防控面臨的挑戦与対策(〝一帯一路〟建設中、重要な寄生虫病の抑制・防御の直面する挑戦と対策)」と、二〇年に同誌三二巻一期に掲載された周暁農・李石柱「〞一帯一路〞倡議下血吸虫病防控南南合作的戦略思考（〞一帯一路〞提起下の住血吸虫病の抑制・防御に関する、南半球と北半球の南に位置する発展途上国の経済・技術的な協力関係の戦略的思考）」によりながら、グローバルな規模で展開されようとしている「一帯一路」構想と日本住血吸虫病との関係をうかがっておくことにしよう。ちなみに、曹淳力は中国疾病予防控制中心寄生虫病予防控制所（国家熱帯病研究中心）疾控応急辦主任、周暁農も同所所長（当時）であり、中国の寄生虫予防においてもっとも重要な地位にあるとともに、WHO熱帯病合作中心主任を務めるなど、世界規模の寄生虫対策をも視野に入れている人物と見なしてよかろう。

曹淳力は論文のタイトルからもわかるように、マラリア（瘧疾）・住血吸虫病・絲虫病・リーシュマニア症（利什曼病）・蠕虫病など寄生虫病全般にわたって言及している。住血吸虫病については、熱帯・亜熱帯の七六カ国におよび、流行地の人口は七億人を超え、感染者は少なくとも二・四億人に達している。感染者の九〇％以上はアフリカ在住であると指摘したうえで、わが国も「一帯一路」構想のなか、迅速に寄生虫病予防をはじめとする衛生安全保障を提供しなければならないと主張する。一八年の時点でも、当然ながら「一帯一路」構想を視野に入れつつ、住血吸虫病など寄生虫病の防治システムの構築を提案しているが、中国の立ち位置は必ずしも十分には明確でない。

図10-6●中国・アフリカ協力フォーラム北京サミット円卓会議（https://yahoo.jp/EPSjPNより転載）

## 二〇一八年「中非合作論壇——北京行動計画（二〇一九～二〇二一年）」の採択

周暁農は、曹淳力の論文発表以降の重要な出来事として二〇一八年九月四日、北京の人民大会堂で開催された「第七回中国・アフリカ協力フォーラム（FOCAC、中非合作論壇）北京サミット円卓会議（図10-6）」をあげている。そこでは中国側から将来三年間の〝健康衛生行動〟の実施が宣言され、「より緊密な中国・アフリカ運命共同体の構築に関する北京宣言」と「FOCAC——北京行動計画（二〇一九～二〇二一年）」が採択された。後者には「中国は二国間および多国間の協力関係の強化、臨床技術の共有、重点項目などの方法の支持を通して、アフリカがエイズ（艾滋病）・肺結核・マラリア・住血吸虫病など感染性の疾病や、ガン・心血管疾病など非感染性の疾病を防治するのを援助する」と記載され、中国の公共衛生の成果と先進的な技術を、中国・アフリカ諸国間の関係、南南合作（南半球と北半球の南の発展途上国の協力）においていかに利用していくかを考えていくことが当面の急務であるとしている。

そして周はさらに住血吸虫病について、中国ではこれまで党と政府の〝ただしい〟指導のもとにおける行政機関や多くの人びとのたゆまぬ努力の結果、二〇一五年までには、全国的に住血吸虫病の感染を抑制するという目標を達成した。残るは国内の「最後一公里問題」のみであるが、同時にまた質量ともに高い「一帯一路」構想を打ちたて、グローバルな視点から衛生・安全サービスを提供しなければならないと提唱する。つまり、周の言葉を借りるならば、グローバルな規模の住血吸虫病対策には、〝中国の経験〟〝中国のプラン〟〝中国の知恵〟〝中国の技術〟の輸出こそがカギとなるのであり、中国にとっても重要な戦略的思考になるというのである。

## ザンジバルへの〝中国の経験〟の輸出

こうした〝中国の経験〟などの輸出は決して空言ではないようである。現実的に、中国はすでにアフリカに医療隊を派遣して〝中国の経験〟と〝中国の技術〟を用いた住血吸虫病対策を展開しつつある。具体例としてもっともふさわしいのは、アフリカのザンジバル（Zanzibar）における中国医療隊の活動であろう（図10-7、図10-8）。ザンジバルはアフリカ東海岸のタンザニアの東に位置する島嶼であり、人口は一〇七万人ほどである。イギリスの保護領であった一九二五年には、すでにザンジバル（Zanzibar）島とペンバ（Pemba）島で住血吸虫病の症例が報告されている。三九年にはモズレー（Mosley）が両島でビルハルツ住血吸虫の中間宿主である小泡螺を発見した。七五年にはペンバ島の六

図10-7

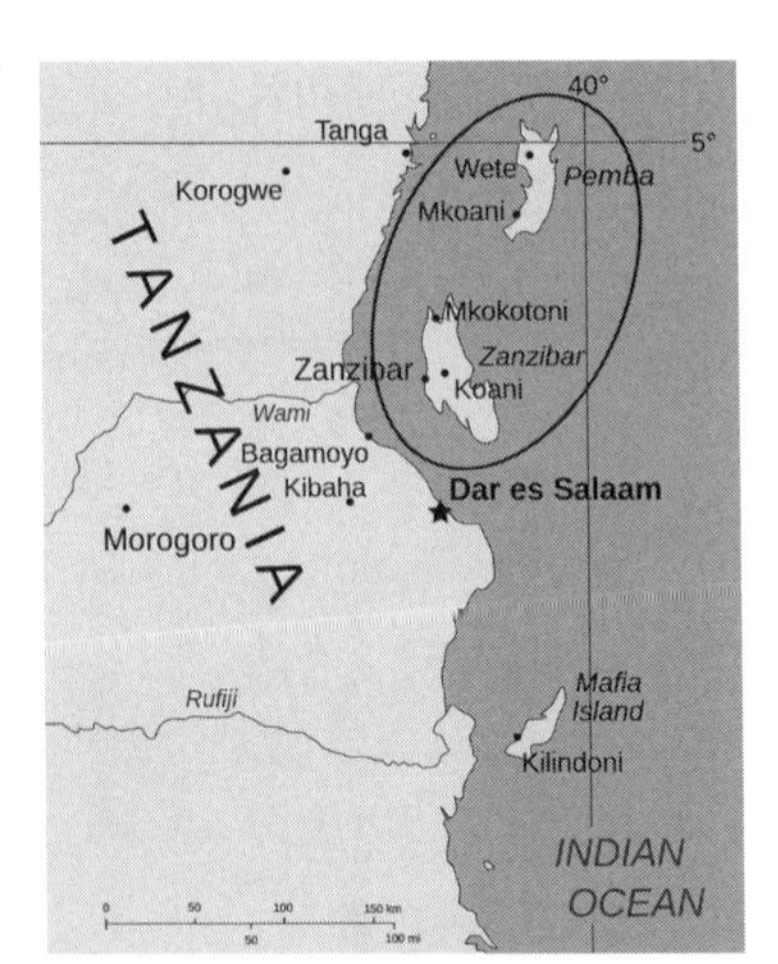


図10-8

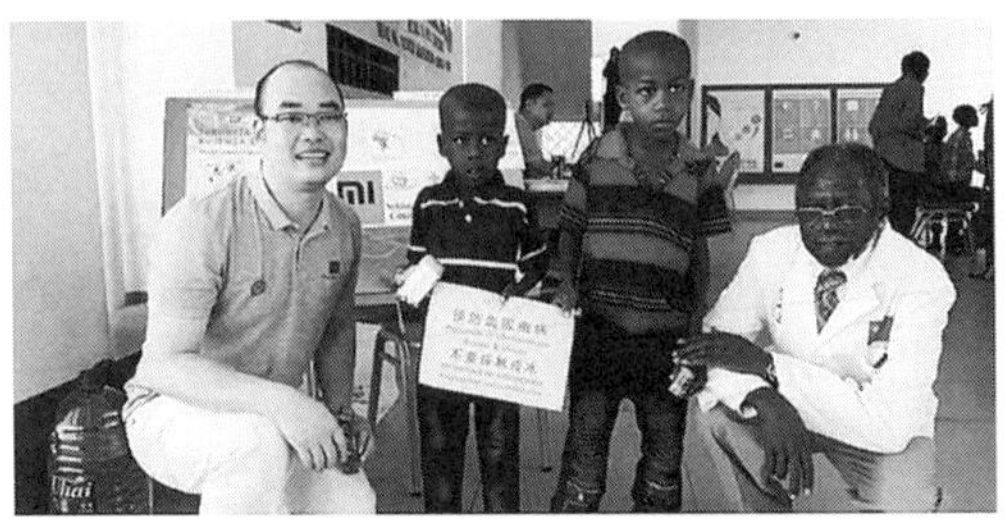

---

**図10-7**●ザンジバル（Zanzibar）。○に囲まれた部分。（https://ja.wikipedia.org/wiki/ザンジバルより作成）

**図10-8**●ザンジバルにおける中国医療隊の活動（https://www.sohu.com/a/299194074_201960 より転載）

2016年 新中国成立以来卫生领域规模最大的援外行动

## 援助西非抗击埃博拉：
## 打胜仗 零感染

2016年1月14日，世界卫生组织在日内瓦宣布，利比里亚复燃的埃博拉疫情已于当日结束，目前所有已知的埃博拉病毒传播链在西非地区全部终结。这意味着，自2014年3月该组织获知并确认此次疫情以来，受埃博拉影响最严重的西非国家几内亚、塞拉利昂和利

府领导、当地民众社区参与以及来自各国的援助，世界卫生组织官员特别称赞了中国发挥的重要作用。在西非抗击埃博拉疫情进程中，中国是全球提供援助最早的国家之一，向相关疫情国家提供了大量人力、物力、财力支持。中国累计派出1200多名医护工作者和公共卫生专家赴疫区援助抗击埃博拉疫情，并在非洲9个国家培训了1.3万名当地医护人员。面对来势汹汹的疫情，中国援非医疗队、中国防疫和公共卫生专家选择了坚守，与非洲人民携手相助，共渡难关。中国医护人员团结一

**図10-9**●エボラ出血熱対策として派遣された中国の援助医療隊
（「援助西非抗撃埃博拉：打勝仗、零感染」『中国衛生』2019年11期）

〇％の島民がビルハルツ住血吸虫病に感染していた。また八一年には、ザンジバル島の学齢児童の六五％、ペンバ島のそれの七〇％が感染していたという数値も残されている。ザンジバルでは、ビルハルツ住血吸虫病が地方病として蔓延していたのである。

二〇一二年、第五回の中国・アフリカ協力フォーラム（北京開催）において、中国はアフリカへの投資、公共衛生・疾病対策、アフリカの持続的な発展へのさらなる積極的な協力を表明した。同年七月には、当時のＷＨＯ事務局長であったマーガレット・チャン（陳馮富珍、香港人）が中国を訪問し、住血吸虫病対策における〝中国の経験〟をもってアフリカを「援助」し、新たな協力モデルをつくることを希望した。翌一三年にＷＨＯと中国の住血吸虫病聯合視察団がザンジバル入りし、流行状況などについて調査を実施した。その後、二〇一七年二月〜二〇年二月の三年間に計六回におよぶ、江蘇省血吸虫病防治所を中心とした

医療隊（援非医療隊）が派遣され、患者の治療、小泡螺の駆除などをおこない、一定の成果をあげたとされる。これも中国では「一帯一路」構想の沿線国家への「援助」として位置づけられ宣伝されている。

　このようにザンジバルのような〝顧みられない熱帯病〟の流行地にとって、中国の「援助」は重要かつ貴重であり、実際に多くの生命――とくに学齢児童など低年齢層――が救われた。ただし、こうした医療援助をたんなる「善意」として諸手をあげて喜ぶことはできない。なぜなら、こうした解釈のみでは、これらの「援助」の背後にある、じつは今後の中国によるアフリカ進出の拡大と中国・アフリカ間の人の往来の発展を見据えた戦略的な手段を見過ごしてしまいかねないからである。もちろん、中国の住血吸虫病をはじめとする熱帯病に対処するための医療隊の派遣――近年ではアフリカのもっとも深刻な感染症の一つであるエボラ（埃博拉）出血熱についても中国は積極的に医療隊を派遣するなど、エボラ対策を講じつつある（図10-9）――は実際に多くのアフリカ人の健康と生命の安全に貢献していることは間違いないが、当然ながら、中国人のアフリカ進出、アフリカにおける中国人の衛生安全保障といった政治・経済的な問題と複雑に絡んでいる。換言すれば、中国はアフリカを舞台とする中国人の活動に健康・衛生面での保障を与えようとしているのであって、〝アフリカ人のため〟というよりは、むしろ〝アフリカで活動する中国人のため〟というのが実際のところであると考えられるのである。

## 4　歴史・住血吸虫病・フィールドワーク

この文章を執筆している現在、二〇二〇年は、すでに第九章でもふれたように、新型コロナウイルスによるコロナ禍の真っ只中にある。今回の感染の発信源と見なされている中国の〝マスク外交〟には他国からの批判が集中している。そうした環境のなかで、本章では、おもに日本住血吸虫病をはじめとする住血吸虫病の問題がグローバル化のなかでいかに取り上げられ、それが政治や外交とどのように結びつきつつ展開されているのか、現代の世界のなかで可能なかぎり、巨視的に俯瞰してみた。当たり前のことではあるが、感染症と政治・外交は歴史上きわめて密接な関係があるのである。

中国における日本住血吸虫病防治の歴史については、第八・九章で言及してきたが、他の住血吸虫病（ビルハルツ住血吸虫病やマンソン住血吸虫病など）への対処・応用というように、もう少し考察の枠組みを拡げて考えてみると、身体の健康という人間個人から、地球規模の国家間関係までをも包摂するような、きわめて興味深い、じっくり観察するに値する問題であることがわかってくる。現代社会は日々急速に変化しつつある。住血吸虫病をめぐる政治・経済・社会・医療・公共衛生などのさまざまな課題も、今後も継続して注目していく必要があろう。

最後に、本章では筆者がフィールドワークを展開するなかで気づき、その後、歴史文献をはじめとする文献資料にたちもどった例について、現時点で筆者が考えていることを大雑把にまとめてみた。

図10-10●現在の江蘇省血吸虫病防治研究所（https://yahoo.jp/Nvrxb8 より転載）

最初は、中国の日本住血吸虫病患者（とくに任屯村の村民）への関心というきわめてミクロな問題であったものが、地方志や新聞、ネット情報などの文献資料を読むうちに、次第にマクロな問題へと発展し、中国の国内政治、最終的には国家的プロジェクト・「一帯一路」構想のようなグローバルな段階にまでおよんだのである。ただし、本書における検討では、「援助」を受けているアフリカ側の声が聞こえてこない。文献資料でも、だれの手によって書かれたかによって、事柄に対する解釈や評価がまったく異なってくるであろう。ここにアフリカ側の文献資料を分析する必要が生じてくる。そしてまた、可能であれば、再度フィールドワークにもどり、中国の「一帯一路」構想において主導的な役割を果たしている江蘇省血吸虫病防治研究所（図10-10）などのような医療隊の関係者、それを受け入れるアフリカの行政・医療機関の関係者にインタビューを試みてみたい。歴史文献（文献資料）からフィールドワークへ、フィールドワークから歴史文献へ、そしてさらにフィールドワークへ、今後も往還を繰り返しながら中国の歴史と現在を有機的に結びつけていきたい。

## 参考書籍・論文（四）——中国感染症史研究を深めたい人へ

本文中でもふれたように、中国の感染症史を研究しようとすれば、飯島渉の研究がもっとも重要になる。以下の書籍・論文を参考にされたい。


①飯島渉『ペストと近代中国——衛生の「制度化」と社会変容』（研文出版、二〇〇〇年）

②飯島渉『マラリアと帝国——植民地医学と東アジアの広域秩序』（東京大学出版会、二〇〇五年）

③飯島渉「宮入貝の物語——日本住血吸虫病と近代日本の植民地医学」（岩波講座『「帝国」日本の学知』第七巻、岩波書店、二〇〇六年、所収）

④飯島渉『感染症の中国史』（中公新書二〇三四、二〇〇九年）

⑤飯島渉「ペスト・パンデミックの歴史学」（永島剛・市川智生・飯島渉編『衛生と近代——ペスト流行にみる東アジアの統治・医療・社会』法政大学出版会、二〇一七年、所収）

⑥李雅君「〝瘟神〟から日本住血吸虫病へ——清末民国期上海における報道と情報の蓄積」（広島大学『史学研究』二八六号、二〇一四年）

⑦福士由紀「上海　一九一〇年——暴れる民衆、逃げる女性」（永島剛・市川智生・飯島渉編前掲書、所収）

⑧戸部健「天津　一九一一年——鼠疫をめぐる中国の社会史」（永島剛・市川智生・飯島渉編前掲書、所収）

⑨小島荘明『寄生虫病の話』（中公新書二〇七八、二〇一〇年）

# おわりに

本書は、筆者が大阪大学大学院博士後期課程在籍時に留学先の中国においてはじめて体験して以来、強く興味関心をいだき、その後、これまで実践・継続してきたフィールドワークという手法に歴史学の立場から挑戦してきた結果のごく一部を、勤務先の京都大学における授業の教科書（読本）としてまとめたものである。内容的には大きく四つの分野に分かれており、簡単にいうならば、歴史学にとってのフィールドワークという手法の位置づけ、村落史・漁民史・感染症史とフィールドワークということになろう。

十数年にわたって太湖流域を中心とする華中南を歩き続けるなかで、筆者はそれまで興味をもっていたことには「現地感覚」からより深い関心をもつようになり、一方、まったく気づかず興味をもっていなかった事柄にも多くのインスピレーションや刺激をもらい、その後の研究に反映させることができた。本書が四つもの分野から構成されているのも、そうしたフィールドワークの魅力に深く関係している。もちろん、体験したことすべてを理論化・文字化できたわけではないが、頭のなかでは、中国という観察対象を多様かつ複合的な角度から見わたして考えようとすることができた。いまだに甘い点、不十分な点があるのは重々承知しているが、今後も少しずつ成果をまとめ、情報発信できたらと思っている。

本書の出版にあたっては、とくに京都大学学術出版会の國方栄二氏に感謝の言葉を述べたい。二〇二〇年一月（あるいは二〇一九年一二月）に中国・武漢にはじまったといわれる新型コロナウイルス感染症は、あっという間に日本、さらには世界の国々をも巻き込んで、いわゆるパンデミックとなった。四月には緊急事態宣言が発出され、観光地として有名な京都も観光客の姿は消え、祇園祭も中止となった。また慣れないオンライン授業も手伝って、悶々とした日々を過ごし、執筆は遅々として進まなかった。そうしたなか、國方氏は温かくお声がけしてくださり励ましてくださった。もし國方氏の心遣いがなければ、筆者の怠惰な性格からいつまでたっても本書をまとめられなかったであろう。本当にありがとうございました。

最後に、やはり本書の第四・五章の対象となっている福建省の村落をいっしょに歩いてくれた台湾史研究者の妻・林淑美に感謝したい。インタビューのさいには、たんに閩南語の通訳だけでなく、質問にもいろいろなアイディアをくれ、くじけそうになったとき——とくにステイホームのため、自宅待機やオンライン会議で疲れ果てていたとき——にも励ましてくれた。心からの感謝の気持ちを記してここに擱筆する。

二〇二〇年　コロナ禍の夏の京都にて

太田出

地名索引

事項索引

# 索　引

人名索引

## 太田　出（おおた　いずる）

1965年　愛知県に生まれる
1999年　大阪大学大学院文学研究科博士課程修了
広島大学大学院文学研究科准教授をへて
現在　京都大学大学院人間・環境学研究科教授、博士（文学）


主な著作
『中国近世の罪と罰——犯罪・警察・監獄の社会史』（名古屋大学出版会、2015年）、『関羽と霊異伝説——清朝期のユーラシア世界と帝国版図』（名古屋大学出版会、2019年）、『中国江南の漁民と水辺の暮らし——太湖流域社会史口述記録集3』（佐藤仁史・長沼さやかと共編、汲古書院、2018年）

# 中国農漁村の歴史を歩く

学術選書 095

2021 年 4 月 15 日　初版第 1 刷発行

著　　者…………太田　出
発 行 人…………末原 達郎
発 行 所…………京都大学学術出版会
京都市左京区吉田近衛町 69
京都大学吉田南構内（〒 606-8315）
電話（075）761-6182
FAX（075）761-6190
振替 01000-8-64677
URL http://www.kyoto-up.or.jp

印刷・製本…………㈱太洋社

装　　幀…………鷺草デザイン事務所

ISBN 978-4-8140-0320-4
定価はカバーに表示してあります

# 学術選書［既刊一覧］

＊サブシリーズ「心の宇宙」→[心]　「諸文明の起源」→[諸]
「宇宙と物質の神秘に迫る」→[宇]

001 土とは何だろうか？　久馬一剛
002 子どもの脳を育てる栄養学　中川八郎・葛西奈津子
003 前頭葉の謎を解く　船橋新太郎 [心]1
005 コミュニティのグループ・ダイナミックス　杉万俊夫 編著 [心]2
006 古代アンデス 権力の考古学　関 雄二 [諸]12
007 見えないもので宇宙を観る　小山勝二ほか 編著 [宇]1
008 地域研究から自分学へ　高谷好一
009 ヴァイキング時代　角谷英則 [諸]9
010 GADV仮説 生命起源を問い直す　池原健二
011 ヒト 家をつくるサル　榎木知郎
012 古代エジプト 文明社会の形成　高宮いづみ [諸]2
013 心理臨床学のコア　山中康裕 [心]3
014 古代中国 天命と青銅器　小南一郎 [諸]5
015 恋愛の誕生 12世紀フランス文学散歩　水野 尚
016 古代ギリシア 地中海への展開　周藤芳幸 [諸]7
018 紙とパルプの科学　山内龍男
019 量子の世界　川合 光・佐々木節・前野悦輝ほか編著 [宇]2
020 乗っ取られた聖書　秦 剛平
021 熱帯林の恵み　渡辺弘之
022 動物たちのゆたかな心　藤田和生 [心]4
023 シーア派イスラーム 神話と歴史　嶋本隆光
024 旅の地中海 古典文学周航　丹下和彦
025 古代日本 国家形成の考古学　菱田哲郎 [諸]14
026 人間性はどこから来たか サル学からのアプローチ　西田利貞
027 生物の多様性ってなんだろう？ 生命のジグソーパズル　京都大学総合博物館 京都大学生態学研究センター編
028 心を発見する心の発達　板倉昭二 [心]5
029 光と色の宇宙　福江 純
030 脳の情報表現を見る　櫻井芳雄 [心]6
031 アメリカ南部小説を旅する ユードラ・ウェルティを訪ねて　中村紘一
032 究極の森林　梶原幹弘
033 大気と微粒子の話 エアロゾルと地球環境　笠原三紀夫 東野 達 監修
034 脳科学のテーブル　日本神経回路学会監修／外山敬介・甘利俊一・篠本滋編